本书为国家社科基金一般项目
“中国城乡环境利益冲突及协调机制研究”（项目编号：18BZZ113）阶段成果

中国城乡环境综合治理研究

STUDY ON
COMPREHENSIVE MANAGEMENT OF
URBAN AND RURAL ENVIRONMENT IN CHINA

宋惠芳　著

社会科学文献出版社
SOCIAL SCIENCES ACADEMIC PRESS (CHINA)

内容摘要

城乡环境利益时而发生冲突，城乡环境综合治理逐渐发展成为一种广泛的诉求。当前城乡环境能否实现协调发展已经成为城乡融合能否实现的关键。由此，城乡环境综合治理研究也就成了当前理论界的一大热点，探寻城乡环境综合治理的对策方法也就成了各方研究的重点。

城乡环境综合治理研究是建立在坚实的马克思主义理论的基础之上的。马克思主义城乡融合思想和马克思主义环境利益理论是城乡环境综合治理研究的两大理论基础。其中，马克思主义城乡融合思想是城乡环境综合治理的指导思想，城乡环境综合治理是新时代社会主义中国城乡融合的重要组成部分。马克思主义环境利益理论是城乡环境综合治理的理论遵循，在城乡之间的诸多利益关系中，环境利益关系已经成为影响城乡统筹发展的关键因素。

新中国成立以来，党和国家领导人十分重视环境建设。改革开放前，党和国家领导人积极推进“绿化祖国”建设，主要体现在造林、兴修水利工程方面，城市环境建设和农村环境建设相对独立。改革开放后，党和国家领导人意识到了“污染的老路不能再走”“经济与环境一样重要”“城市与农村都要抓”，提出建设“宜居城市”和“美丽乡村”的号召，提出区域协调发展战略、绿色发展战略，强调城乡环境综合治理。

当前城乡发展建设中，城市利用农村的自然资源，发展经济，进行建设，但向农村迁移的工业企业污染了农村的水土资源，农村不再是远离污染的世外桃源。由于水土污染，大米、蔬菜受到不同程度的污染，部分问题农副产品流向城市。城市与农村在环境利益上冲突时有发生。

城乡环境治理过程中之所以发生冲突，主要有如下原因：一是中国特有国情的影响，如城乡二元结构、工业化进程的紧迫性、庞大的人口总量、城乡自然禀赋的差异等；二是对马克思城乡差别思想、经济发展与环境保护关系的误解；三是其他一些主要影响因素，如资本的趋利性、政府的缺位、对科学技术的盲目崇拜、城乡环境公平意识的缺失等。

当务之急便是寻求解决的路径。要实现我国城乡环境综合治理，必须着眼于现实，构建一套具有实际操作可能的“1+2+5”保障框架。“1”指一个指导理论，即中国特色社会主义城乡环境治理理论。“2”指两大主体自觉，即城乡与城乡居民的环境保护责任。“5”指五大保障：经济方面，大力发展城乡绿色经济，使城乡环境综合治理的实现获得厚实的物质基础；政治方面，完善政府的环境保护职能，使城乡获得一样的环境治理保障；法律方面，完善城乡环境法制，严格执法，用刚性约束机制来打击破坏城乡环境综合治理的行为；社会方面，充分发挥个人、社区和环保公益组织的积极作用，实现多元治理；科学技术方面，利用先进的科学技术治理城乡环境，建设美丽家园，从而建立起实现城乡环境综合治理的保障体系。

目录

第一章　中国城乡环境综合治理的重要性

第一节　选题的缘起与意义

城市环境和农村环境唇齿相依，是一个有机整体。城乡环境是否能实现综合治理关系到城乡生态系统之间能否实现畅通有序的交流。然而，有人说现在讲城乡环境综合治理不是时候，城乡教育均等化还没实现，城乡医疗卫生均等化还没实现，城乡社会保障还没实现协调，何谈城乡环境综合治理？这种看似十分有道理的言论却令人担忧。城乡教育的均等化、城乡医疗卫生的均等化、城乡社会保障的协调都很重要，都是迫在眉睫的大事，这是必须承认的事实。但要注意的是，尽管这些“不协调”会引发许多社会问题，但还不足以威胁人的生存。而城乡环境治理的不协调——受污染的水源和耕地、问题农副产品等，才是攸关城乡居民能不能健康生存的问题。因此，实现城乡环境综合治理，实现城乡生态环境良性互动，才能保证城乡居民生活的康乐与幸福，才能推进社会主义生态文明的实现。

（一）实现城乡环境综合治理有利于生态文明建设

生态文明建设事关“两个一百年”奋斗目标和中华民族伟大复兴中国梦的实现。生态文明不能仅仅是城市的生态文明，也不能仅仅是农村的生态文明，而应该是城乡环境治理的协调状态，缺少其中任何一方的生态文明都是不完整的，甚至是不可维系的。城市和农村是两个不同的经济主体，但不是两个毫不相干的独立的经济主体，城市依靠农村提供的各种资源蓬勃发展，而作为连接人与自然的主要纽带的农村和农业则源源不断地为城市发展提供各种养料，发挥生态服务功能，成为国家生态安全的屏障和中华民族生存发展的重要根基。没有城乡环境综合治理，就没有全国的生态文明。

实现城乡环境综合治理，使得城市在发展城市经济的同时兼顾农村环境保护；实现城乡环境综合治理，使得农村以清新整洁的面貌为城市提供安全的农副产品，共同推进生态文明的实现。因此，实现城乡环境综合治理是生态文明的重要标志。倘若城乡环境治理处于孤立状态，就无法从根本上解决城乡环境污染问题，城乡居民的人居和生态环境质量就难以得到明显改善，将影响到全国生态文明建设的实现，影响城乡区域发展的和谐。城乡环境综合治理应是生态文明建设的题中应有之义。

（二）实现城乡环境综合治理有利于新型城镇化建设

中国现代化建设之路是一条中国特色新型工业化、信息化、城镇化、农业现代化道路。那么何谓“新型城镇化”？学界诸多学者从各种角度阐述论证，但终究绕不过“统筹城乡发展”这一重要内容，自然也就绕不过城乡环境综合治理问题。城乡环境综合治理是落实科学发展观、全面建成小康社会、实现新型城镇化建设的内在要求。

城市和农村相互影响、相互推动，城市依托农村而存在，农村依托城市而发展。但是，先天自然禀赋和后天经济社会传统不同使得城乡存在较大差异，如城市生产力水平高，信息资源丰富，人才、技术集中，但城市空间小，自然资源缺乏；农村劳动力成本低，自然资源较为丰富，但基础设施、金融资源严重不足，农村居民文化素质水平比较低。因此，在发展过程中，常常出现城市对农村资源过度开发，破坏农村生态环境的情况；农村在为城市提供各种资源的同时也提供了有问题的大米、蔬菜和水果，城乡环境利益存在摩擦，阻碍新型城镇化的实现。

实现城乡环境综合治理有利于推动农村的城镇化。农村城镇化是一个很大的课题，包罗万象。保护好农村环境利益就是推动农村城镇化的一个重要方面。当前农村发展相对滞后，农村居民的生活水平比较低，其环境利益常常受到侵害，农村环境污染问题较为严重。没有良好的环境保障，农村的生产生活难以实现可持续化发展，农村居民的生命健康将受到极大威胁。城乡环境综合治理实现与否关系到城乡居民的环境利益。在环境利益面前，城市居民没有特权，农村居民也没有特权，他们是平等的。实现城乡环境综合治理就是要让农村获得与城市一样的环境保护建设权利，让农村居民与城市居民享受一样的环境资源，从而推动农村城镇化建设早日实现。

实现城乡环境综合治理有利于推动人的城镇化。新型城镇化不是单指城市，也不是单指农村，而是两者一起实现城镇化、现代化，城市居民和农村居民一同实现全面自由的发展。人的城镇化的物质化层面表现就是让人民群众吃得放心、住得舒心、玩得开心。这一切都离不开自然环境。城乡环境综合治理是让城乡居民过上幸福生活的基本保障。如果城乡环境治理处于孤立的状态，人们就没有基本的生存保证，更不可能获得持续生存和发展的条件。实现城乡环境综合治理，城市居民和农村居民平等地享有环境带来的好处、承担环境保护责任，也就实现了人的城镇化的关键一步。

（三）实现城乡环境综合治理有利于社会主义和谐社会的建设

改革开放以来，我国经济的快速增长带来了日新月异的变化，但盲目追求经济增长速度和经济发展规模却对自然资源造成了相当大的破坏，经济发展遭遇到了资源瓶颈，致使环境保护与经济发展面临重重困难。值得庆幸的是，在经济不断发展的同时，民众的环境保护维权意识不断强化，但不协调的城乡环境利益关系与日渐觉醒的民众环境保护权利意识交织在一起，容易诱发社会冲突。

当企业的排污和侵害行为得不到有效制止时，受害农村居民便会通过“自己的方式”去寻求解决途径。而这种解决的方式往往具有盲目性和很强的悲情色彩，一旦出现极端的感觉和认识，激烈的冲突释放也就一触即发，甚至难以控制。这是相当可怕的。社会主义和谐社会是要营造协调安宁的社会，让社会不同利益主体的利益诉求都能得到最大的满足，使利益主体之间的利益冲突能得到最为妥善的协调，真正维护好、实现好社会公平和正义。实现城乡环境综合治理就是要协调环境治理过程中城乡间环境利益的冲突，就是要实现城市环境与农村环境共同治理、共同发展。这是社会稳定的重要影响因素之一，也是社会公平正义的重要指标。因此，建设社会主义和谐社会过程中，必须高度重视城乡环境综合治理问题，防止由环境利益摩擦引发的社会矛盾。

第二节 主要概念

（一）城乡环境利益的内涵、外在方位和特征

1. 城乡环境利益的内涵

马克思将环境划分成“自在自然”和“人化自然”。人类的形成与发展同自然界密切相关，“自在自然”为人类产生、形成和发展提供了各种必需品；人类利用手中的劳动工具不断利用、改造自然环境，产生了“人化自然”。这是一个人的自然化和自然的人化过程，是一个人适应自然和自然满足人的需要的过程。马克思、恩格斯的“利益”概念有双层含义：一是指利益主体对利益客体的需要，即物质利益；二是指社会利益关系，即与生产力相适应的人与人之间的关系。

在马克思主义语境下，环境利益指的是环境带来的好处以及这些好处在人与人之间进行分配时所形成的社会关系的形式。其主体是人；客观需要对象是环境，包括自然环境和人化环境；本质关系是环境带来的好处和产生的责任在人与人之间的分配。因此，城乡环境利益是指环境为城乡发展带来的好处以及这些好处在城市和农村之间、城市居民与农村居民之间分配的形式。

2. 城乡环境利益的外在方位

环境利益可划分为三种类型（见图 1-1）。第一类：从国际关系角度看环境利益，发达国家对发展中国家的生态殖民主义。一方面，发达国家以合资、独资等方式将高污染产业转移到发展中国家，或将大量生活生产废弃物直接输往发展中国家；另一方面，发展中国家将本国高环境资源投入的初级产品出口到发达国家，发达国家不但保护了本国的环境，而且在不知不觉中侵占了发展中国家的环境利益和经济利益。第二类：从国内地区发展角度看环境利益，东西部之间与城乡之间的环境利益也存在矛盾冲突，较先发展起来的东部沿海地区比落后的西部地区消耗了更多的资源，大城市发展比农村消耗了更多的资源，并且让西部地区以及农村来承担环境污染的后果以及环境污染治理的成本。第三类：从人际关系角度看环境利益，不同群体之间和代际也存在环境利益的矛盾冲突，如低收入阶层与高收入阶层、城市居民与农村居民在享有环境权利与承担环境义务方面存在不对等的情况。城乡环境利益属于地区间的环境利益的一种。

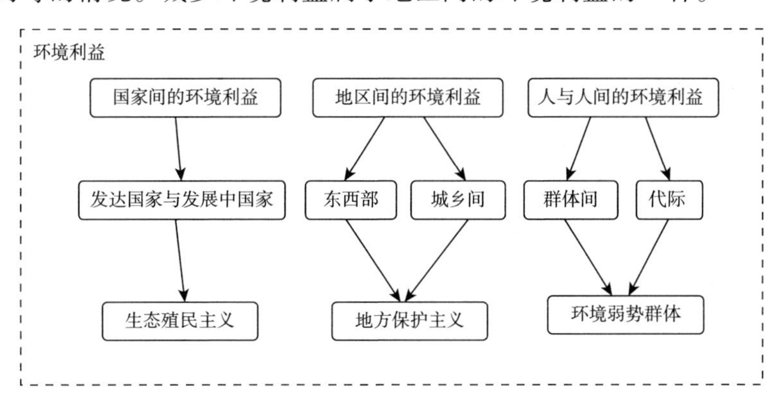

图 1-1　环境利益的类型

3. 城乡环境利益的特征

(1) 城乡环境利益具有客观性

环境是先在的，这是无可争议的事实。人类只不过是自然生态系统的沧海一粟，是这个相互间有着千丝万缕联系的关系网上的一个节点。

环境客观地存在着，就譬如路边的野花和小草生长得极为繁茂，但人们从来就没有在乎过它们、关心过它们，然而野花和小草依旧那样默默地生长着，不需要考虑自己给人类带来的是好处还是坏处。自然界就是这样，阳光、空气、水、土壤、森林、各种野生的花草和动物等，所有这些从来就是自然而然地存在着，点缀着这个世界，创造着一切美的景象。因此，环境是客观、自然地存在着的，不因人类存在与否、不因人类的主观判断和喜好而受到影响。正因为如此，城乡环境利益同样具有客观性，其存在不以人的意志为转移。在社会发展历史的长河中，无论人类社会如何发展变化、城乡关系如何演变、人与自然的关系如何变迁，城乡环境利益关系都一直存在。城乡环境利益会受到时代背景、经济状况、意识观念等的影响，却不会因此而消失。城乡环境利益具有客观性。

（2）城乡环境利益具有公共性

城乡环境利益具有公共性的理由有两个方面：一是城乡环境在空间上的整体性决定了城乡环境利益的公共性；二是城乡环境在生态上的整体性决定了城乡环境利益的公共性。

首先，城乡环境在空间上的整体性决定了城乡环境利益的公共性。城乡环境是作为一个整体而客观存在的，不会因行政区划的变更而改变，不会因人为地筑起城墙而受到影响，城乡环境的空间联系不会因一纸司法判决而隔断。在城乡环境区域内的所有的个人、群体、组织都是“一损俱损，一荣俱荣”的关系。因此，城市和农村虽为不同的经济主体，却享有同等的环境利益，彼此之间相互依存，互补互长。比如大气，因为大气可以在全球范围内无障碍地流动，所以当某处大气受到污染时，点状污染可能发展为扩散性污染或飘移式污染。以农村焚烧麦秆为例，农村焚烧麦秆造成城市 $PM_{2.5}$ 值居高不下的个案比比皆是。因此，城乡环境在空间上的整体性决定了城乡环境利益的公共性。

其次，城乡环境在生态上的整体性决定了城乡环境利益的公共性。城乡自然环境的各要素处于一个开放动态的系统中，系统内部各要素存在物质和能量的变化及交换，同时，外部物质不断地输入系统，内部物质不断地输出系统。这种流动与交换意味着城乡环境的生态整体性特征，也就决定了城乡环境利益的公共性。比如，森林与降雨、河流是相关的。农村的森林通过强大的蒸腾作用增加城市降雨，由此也影响着所在地河流的流量，进而影响农村生产生活。农村的森林植被一旦被破坏，给城市带来的往往是干旱少雨、高温酷热的天气。城乡环境利益的公共性也意味着城市或农村、城市居民或农村居民是无法独自占有自然环境所提供的服务的，因为并不存在允许一个人使用而限制或隔绝其他人使用的制度，也不存在这样的技术手段。譬如马路上的路灯，当路灯亮时，街道上所有的行人或车辆都可以利用该处灯光照明；又如自家安装在门口的路灯，虽然路灯归户主所有，但路过此处的行人或车辆同样可以利用此处的灯光照明。因此，城乡环境在生态上的整体性决定了城乡环境利益的公共性。

（3）城乡环境利益具有公平性

对生活在同一个自然环境中的每一个人来说，其享有的环境价值是同等的。环境为生活在其中的每一个人提供了同等健康生存的条件：优美的环境将给人们带来清新愉悦的生活；环境遭到破坏，势必会影响到每一个人的生存与发展。因此，每个人都拥有获得并享受环境利益的权利，不论年龄、性别、出身、民族、贫富贵贱，更不论是城市居民还是农村居民。城市居民和农村居民享有对等的环境利益，他们的环境利益都应该受到保护。不论是城市或某些企业或特权阶层，为追求私利破坏农村的自然环境、侵害农村居民的身心健康甚至是生命安全，都是不被允许的；同样的，不论是农村或某些不法之徒，为追求私利破坏城市的自然环境、侵害城市居民的身心健康甚至是生命安全，也是不被允许的。这就是城乡环境利益的公平性。

（4）城乡环境利益具有相对性

恩格斯早就指出：“希腊人和罗马人的公平认为奴隶制度是公平的；1789 年资产者的公平要求废除封建制度……所以，关于永恒公平的观念不仅因时因地而变，甚至也因人而异……”[①] 由于社会利益主体的多元化，利益关系日趋复杂化，在现实社会中，无论这个社会如何“公平”，社会整体福利都不可能在各个地区之间平均分配，也不可能在所有社会成员之间平均分配。城市与农村之间的环境利益分配也是如此。城乡环境利益的主体是城市与农村、城市居民与农村居民。城乡之间地区经济发展差异、地理环境差异、人口数量差异，城市居民与农村居民之间思想文化素质的差异等因素决定了环境利益在城市与农村之间、城市居民与农村居民之间不可能实现平等、平均分配。城市与农村之间、城市居民与农村居民之间环境利益的协调分配是一种相对和谐的状态。

（二）城乡环境综合治理

城乡环境综合治理以城乡环境利益为中心，目的在于调和城乡环境冲突，实现城乡环境利益协调。在马克思、恩格斯看来，利益协调是以实现某种既定目标为目的，对利益主体之间、利益主体与利益客体之间的各种社会关系进行有意识的调整与分配，使得利益主体之间、利益主体与利益客体之间的社会关系达到和谐的状态。因此，城乡环境综合治理要实现的是城市和农村之间、城市居民与农村居民之间分配环境带来的好处和分摊环境保护责任时的协调状态，讨论的是环境权利和环境义务相对应的问题。

第三节　国内外文献综述

城乡环境综合治理是一个涉及城乡发展、环境利益分配、环境治理的复杂问题。在现代化建设过程中，由于“自然分割”与“制度分割”的双重作用，城乡环境利益关系变化复杂，环境治理难度大。为了详细掌握当前理论界对城乡环境综合治理问题的研究情况，破解城乡环境综

---

① 《马克思恩格斯选集》（第 3 卷），人民出版社，2012，第 261 页。

合治理难题，笔者对国内外对这一问题的研究进行了梳理与总结。

（一）国外城乡环境综合治理问题研究

国外城乡环境综合治理的研究与美国的“环境正义运动”有着密切的关系。20世纪80年代，美国出现了旨在维护弱势群体环境利益的环境正义运动——1982年瓦伦县居民举行抗议当地政府将该地选作有毒垃圾掩埋场的游行。在瓦伦县居住的主要是有色人种和低收入人群，瓦伦县被选为有毒垃圾掩埋场的很大原因就在于此，因为有色人种和低收入人群的环境保护意识较弱，甚至不知道自己享有环境利益。于是揭开了这么一个事实：新闻媒体所宣传的美国环境总体状况的日益改善的“事实”只是表面现象，环境污染、公害威胁等问题在很大程度上并没有得到彻底的解决，而是以另一种形式存在于现实中——被隐藏于有色人种和低收入阶层居住的社区中。

1987年，一篇题目为《有毒废弃物与种族》的研究报告发表，向美国公众揭示了社会底层的环境问题。这份由美国联合基督教会种族正义委员会发表的报告对有毒垃圾掩埋点的选址，选址周围社会、经济、政治、文化的发展状况，社区的种族分布情况以及社区人口构成情况进行统计评估。该报告发现有色人种和低收入阶层居住区往往成为有毒废弃物的最终处理地点。研究结果引发了相当大的反应，人们逐渐意识到环境治理的重要性，并自发地形成了追求环境公平的各种讨论与实践活动。由此，“环境正义运动”在美国各地逐渐兴起。“环境正义”不仅受到了公众的认可与支持，而且很快成为环境保护运动的焦点。

1991年10月，“第一次全国有色人种环境领导高峰会”在华盛顿召开。此次大会将“环境正义”列入正式日程之中，通过了环境正义的十七项基本主张，如“环境正义要求将公共政策建立在所有民族相互尊重和彼此公平的基础之上，避免任何形式的歧视或偏见”“环境正义确认所有民族有基本政治、经济、文化与环境的自决权”“环境正义要求在包括需求评估、计划、执行实施和评价在内的所有决策过程中享有平等参与权”“环境正义反对对于土地、人民、文化及其他生命形式实施军事占领、压迫及剥削”“环境正义要求我们每个人以消耗尽量少的地球资源和制造尽量少的废物为原则来作出各自的消费选择，要求我们为了我们这一代人及后代子孙，自觉地挑战并改变我们的生活方式，以确保自然界的和谐”[①]。著名的环境正义者黛安娜·阿尔斯顿认为，环境不正义是客观存在的事实，必须在平等公正、充分尊重的基础上，才能有效地解决环境不正义问题，且环境治理过程中必须考虑各方面的影响因素。而后，“环境正义”的主张在西方国家得到广泛传播，逐渐成为维护环境正义的重要理论武器。

发轫于美国的“环境正义运动”，在美国和其他西方资本主义国家掀起了一场环境革命。对于环境问题，不能只是简单认为它是治理污染、爱护花草树木，而是要充分意识到这涉及人与人之间、地区之间、国家之间环境治理的问题。随着环境正义的觉醒和环境正义运动的推广，许多第三世界国家也兴起了“环境正义运动”，同破坏环境的行为做斗争，反对环境保护中的不平等现象。例如印度，1994 年，生态主义者古哈（Ramachandra Guha）发表了一篇题为《激进的美国环境保护主义和荒野保护——来自第三世界的评论》的著名文章，他在文章中指出，环境问题之所以会产生，根源在于发达国家掠夺了落后国家的利益，掠夺了穷人的利益，以此来满足自己的奢侈消费，从而破坏了自然环境。环境正义的核心，便是维护弱势者（如穷人）的利益，实现国际上、地区间、人与人之间环境利益和环境责任的合理分配。古哈还指出，在印度，穷人、无地的农村居民、妇女和部落正在忍受环境退化带来的各种问题。这些问题不仅仅涉及他们生活质量的高低问题，更重要的是与他们的生存息息相关。古哈还指出，农村社区日益被排挤在自然之外，国家和工业部门控制着对自然的使用权，这些问题的解决涉及农村发展、平等、经济和政治资源的再分配等一系列

① 曾建平：《环境正义——发展中国家环境伦理问题探究》，山东人民出版社，2007，第 11～12 页。

烦琐而又敏感的话题。

除此之外，诸多学者也相继提出了有关环境正义的观点。美国著名的生态学家彼得·S. 温茨在其论著《环境正义论》中以分配正义为主题，认为在社会秩序中倡导环境正义是十分必要的。温茨对环境保护与正义理论的关系做了系统而全面的表述，分析了现实中权利和义务不对等引起的“环境不公”现象。英国学者马克·史密斯、皮亚·庞萨帕所著的《环境与公民权：整合正义、责任与公民参与》一书认为环境可持续性与社会正义之间有着密不可分的关系，只有实现社会正义，环境正义才不会陷入生态乌托邦；只有实现环境正义，社会正义才是真实可信的。英国著名生态学家戴维·佩珀在其论著《生态社会主义：从深生态学到社会正义》中指出生态危机产生的根本原因在于资本主义制度，他倡导弱化“人类中心主义”，认为只有消灭剥削、推进社会公正，生态难题才能迎刃而解。戴维·哈维（David Harvey）在《正义、自然和差异地理学》中认为来自社会底层的环境正义运动包含社群主义和平等主义等正义观念。其他代表作还有卢克·科勒（Luke Cole）的《从地上爬起来：环境种族主义与环境正义运动的兴起》、威塞尔特·霍夫特的《后代人环境正义》、奥康纳的《自然的理由：生态学马克思主义研究》、麦茜特的《自然之死：妇女、生态和科学革命》、弗·卡普拉和查·斯普雷纳克的《绿色政治——全球的希望》等，它们从不同角度、在不同层面上谈论了环境正义问题。

（二）国内城乡环境综合治理问题研究

在我国，对于城乡环境综合治理问题的研究处于起步阶段。当前有关城乡环境综合治理的研究主要探讨如下几个方面的问题。

1. 城乡环境利益关系

20 世纪 90 年代，环境利益一词频繁出现在讨论环境公益或环境公益诉讼的著作中。1990 年，陈茂云发表的《论公民环境权》一文最早提出了环境利益概念。陈茂云认为环境利益是环境满足人在生理、心理和精神上的需要而产生的利益，环境利益是“环境权”的“中心目的之所在”。[①] 据曹明德等人的考察，环境利益一词第一次出现在我国官方文件中是在 1997 年。[②]

曲格平认为城市和农村两者协同发展才能促进城乡各自功能的充分发挥。[③] 然而，我国“城市为中心”的长期政策导向和发展模式已经在一定程度上影响到了农村环境，影响到了农村的可持续发展。城市的生活垃圾如果不能有效处理，变废为宝，就必然会向农村地区转移；城市工厂生产产生的废气、废水、固体废弃物如果得不到严格的控制，就必然会污染空气、水源和土壤。解决农村环境污染问题，仅仅依靠农村自身环境治理、环境保护宣传教育是不够的，还需要依赖城市处理好自身的环境污染问题，减少对农村的外源性污染。王克勤等认为盲目复制、模仿城市的发展模式已经严重破坏了乡村原有的生态环境，为追求经济发展忽视了乡村生态基础设施建设和环境保护。[④] 沈清基从城乡生态效益的关联性、协调性、共生性等方面阐述当前我国城乡生态环境在结构、功能、质量等方面的不平衡状态，并设计了城乡生态环境一体化规划框架。[⑤] 徐学庆、苏炳臣认为城乡环境关系是城乡关系的重要组成部分，指出当前我国城乡环境关系主要存在以下问题：一是社会和农村承担了本应该由城市企业承担的污染排放治理成本，这造成了社会的不安定，侵害了农村居民的环境利益；二是盲目追求 GDP，农业环境屡遭破坏，农村居民的生命健康权屡遭侵犯；三是“城市中心”政策导向缺少对“三农”环境利益的关怀，城乡生态环境摩擦呈现加剧的趋势。[⑥]

---

① 陈茂云：《论公民环境权》，《政法论坛》1990 年第 6 期。

② 参见李昌麒主编《中国改革发展成果分享法律机制研究》，人民出版社，2011，第 434 页。

③ 曲格平：《中国的环境保护之路》，《世界》2006 年第 7 期。

④ 王克勤、于永波、王皓、陈津：《赤泥盐酸浸出提取钪的试验研究》，《稀土》2010 年第 1 期。

⑤ 沈清基：《城乡生态环境一体化规划框架探讨——基于生态效益的思考》，《城市规划》2012 年第 12 期。

⑥ 徐学庆、苏炳臣：《我国城乡关系失衡的制度原因及其调整》，《学习论坛》2014 年第9 期。

2. 城乡环境治理过程中冲突产生的原因

洪大用首先提出中国城乡环境的二元性问题。他认为，城乡控制体系的二元性是造成当前我国城市环境问题局部有所缓解、农村环境问题面临失控的重要原因。[①] 乐小芳、栾胜基比照“剪刀差”“存贷差”，提出了“城乡环境差”的概念，认为城乡存在生产方式、生活方式、组织方式的差别，再加上“城市中心主义”的经济、政治、法律制度强化了这些差别，使得在某一点或某一时期细微的城乡环境差不断被累积成城乡环境冲突。[②] 宋国君、金书秦认为经济发展的不协调导致了城乡环境问题的产生。[③]

3. 实现城乡环境综合治理的途径

洪大用认为促进城乡环境保护的一致性，必须处理好以下几个方面的问题：一是彻底扭转“城市中心主义”的政策倾向，重视农村环境污染治理和环境保护；二是打破地方保护主义，建立地方环境建设协调机制；三是培育城乡居民的环境保护意识；四是发挥农村民间环保组织的作用，参与环境污染控制与环境监督。[④] 姜作培认为，统筹城乡发展就是实现城市的可持续发展和农村的可持续发展，两者不可偏废，统筹城乡发展必须在许多问题上形成共识，如制订城乡发展计划、改善城乡生态环境、提高城乡居民的素质等问题。[⑤] 李建军认为城乡经济发展、城乡环境保护和社会稳定之间存在矛盾和冲突，三者关系的协调需要依靠多方面力量才能实现。[⑥] 仇保兴提出了城乡统筹规划的原则，即“尊重自然生态的环境”。[⑦] 罗光斌、何丙辉用建立环境评价指标体系的量化研

---

① 洪大用：《我国城乡二元控制体系与环境问题》，《中国人民大学学报》2000 年第 1 期。

② 乐小芳、栾胜基：《农村问题研究的新视角——城乡环境差现象与理论初探》，《科技导报》2003 年第 8 期。

③ 宋国君、金书秦：《论城乡环境保护统筹》，《环境保护》2007 年第 21 期。

④ 洪大用：《当代中国环境公平问题的三种表现》，《江苏社会科学》2001 年第 3 期。

⑤ 姜作培：《建立城乡统筹发展的政府运作机制》，《国家行政学院学报》2004 年第 3 期。

⑥ 李建军：《社会和生态双稳定下的城乡统筹发展——以通州新城为例》，《中国地理学会 2006 年学术年会论文摘要集》2006 年 8 月。

⑦ 仇保兴：《生态文明时代乡村建设的基本对策》，《城市规划》2008 年第 4 期。

究方法探讨城乡环境统筹发展，将指标体系分为城市生态环境子系统和乡村生态环境子系统。[①] 赵珂、冯月建立了城乡环境融合指标体系，指标体系包括自然环境耦合度和人工环境耦合度。[②] 贾后明认为，粗放型的经济发展模式和唯 GDP 的干部政绩考核体系严重阻碍了城乡环境保护工作的开展，必须改变现有的经济发展观念，加大城乡环境保护的资金、人才投入力度，解决城乡环境保护的二元化问题。[③] 汪光焘提出将生态理念融入城乡规划。[④] 王如松、欧阳志云提出运用共同生态规划方法来实现城市与乡村协调发展。[⑤]

4. 农村居民环境权利的保护

在 20 世纪，农村居民环境权利是一个较为陌生的词语，学界对农村居民在环境资源权益分配中受到的不平等对待关注较少，学术研究成果寥寥无几，仅有的只言片语散落在对“环境公平”问题的讨论中。随着对环境公平问题研究的深入，人们才逐渐意识到环境权益保护中存在着弱势群体，农村居民便是其中之一。王韬洋认为在环境利益分配过程中存在着分配不正义的行为，强势群体剥夺了弱势群体的环境利益，并且环境污染恶果的承担也不一样，农村居民往往比城市居民承受更多的污染恶果。[⑥] 2003 年《环境权论》出版，作者周训芳特别论述了弱势群体的环境权问题，认为每个人都拥有平等的环境权，每个人都平等地享有满足生存需要的自然资源开发利用权。[⑦] 黄锡生、关慧根据经济弱势群体、政治弱势群体、文化弱势群体的概念，提出环境弱势群体指的是在

---

① 罗光斌、何丙辉：《城乡统筹发展背景下重庆市生态环境现状评价》，《重庆师范大学学报》（自然科学版）2011 年第 1 期。

② 赵珂、冯月：《城乡空间规划的生态耦合理论与方法体系》，《土木建筑与环境工程》2009 年第 1 期。

③ 贾后明：《以科学发展观统筹城乡环境保护》，《乡镇经济》2006 年第 11 期。

④ 汪光焘：《适应新时期　发展修改好〈环境保护法〉》，《中国环境报》2011 年 11 月 3 日。

⑤ 王如松、欧阳志云：《社会-经济-自然复合生态系统与可持续发展》，《中国科学院院刊》2012 年第 3 期。

⑥ 王韬洋：《有差异的主体与不一样的环境“想象”——“环境正义”视角中的环境伦理命题分析》，《哲学研究》2003 年第 3 期。

⑦ 周训芳：《环境权论》，法律出版社，2003，第 107 页。

利用自然资源、分配环境权利、承担环境责任等方面处于不利地位的群体。[①]

总而言之，当前的城乡环境综合治理问题已经取得了一定的研究成果，为本研究提供了许多宝贵的资料。但是由于城乡环境综合治理问题的学术研究时间比较短，理论层面和实践层面不可避免地有其局限性，城乡环境综合治理研究不够系统和深入，还未形成从基本概念到量化方法的理论—实践框架体系。总结起来，当前城乡环境综合治理问题研究存在两方面不足。一是较少用马克思主义相关理论研究城乡环境综合治理问题。马克思主义理论体系里有着丰富的环境利益思想、城乡融合发展思想，但在当前的理论研究中，用马克思主义相关理论研究城乡环境利益协调问题是少之又少。二是缺乏系统性研究。城乡环境综合治理问题是一个涉及多个利益主体、涉及多个领域的综合性问题。当前城乡环境治理问题的研究，主要是各领域学者或研究机构从自己的专业研究领域出发进行研究，没有将城市环境治理与农村环境治理研究有机地结合在一起，不能有效地反映城乡居民的环境利益诉求；对问题产生的原因分析不够深入，具有可操作性的研究成果少。

第四节　框架、方法与展望

一　研究框架

“是什么——追溯历史——反思现实——探究原因——寻找措施”，这是本书的主线。除去第一章绪论部分，正文框架如下。

第二章：中国城乡环境综合治理的马克思主义理论基础

详细介绍城乡环境综合治理的理论基础——马克思主义城乡融合思想、马克思主义环境利益思想，追本溯源，使城乡环境综合治理问题的

---

① 黄锡生、关慧：《试论对环境弱势群体的生态补偿》，《环境与可持续发展》2006年第2期。

研究拥有坚实的马克思主义理论支撑。

第三章：新中国成立以来对城乡环境综合治理的认识与特征分析

新中国成立以来，城乡环境治理内部适应力和外部推动力发生了极大变化。党和国家对城乡环境利益关系的认识经历了从未充分认识城乡环境综合治理问题到逐渐重视城乡环境综合治理问题的过程。改革开放前，尽管党和国家制定了兴修水利的相关政策，提出了绿化祖国的口号，但城乡环境综合治理的重要性并没有被充分意识到。改革开放后，党和国家逐渐意识到城乡环境综合治理的重要性，提出了“统筹城乡发展”“生态文明建设”“五大发展”等理念。

第四章：环境利益冲突视角下的城乡环境综合治理难题

城乡环境综合治理过程中出现了冲突行为与现象，本书以环境利益为切入点，讨论城乡之间的环境治理难题。城市凭借着经济的发达、文化的丰富等优势而占有大量的自然资源，拥有大山、大河的农村，由于经济的落后、文化的闭塞、地理位置的偏远等因素，可支配的自然资源有限。城市对自然资源的过度开发和利用，使得农村自然资源越来越贫瘠；粗糙的开发方式和不断向农村迁移的工业企业，严重破坏和污染农村的水源和土壤，农村居民的身心健康也受到影响。而由于水源、土壤受到污染，在一些地方，大米镉超标，蔬菜用污水浇灌，这些问题农副产品中的很大一部分流向城市的餐桌。环境一旦被污染，城市与农村均不能置身事外。

第五章：中国城乡环境综合治理难题产生的原因

当前中国城乡环境综合治理难题产生的原因主要有三个方面：一是中国独特的国情影响着城乡环境综合治理工作的开展；二是对马克思主义城乡差异思想、马克思主义经济发展与环境保护辩证关系的曲解影响着城乡环境综合治理的推进；三是资本的逐利性、政府的缺位、对科学技术的盲目崇拜等因素也影响着城乡环境综合治理的实现。

第六章：实现中国城乡环境综合治理的路径选择

当前我国城乡环境综合治理的实现必须着眼于现实，构建一套具有可操作性的“1+2+5”保障体系。“1”指从理论层面上提出建立中国特色社会主义城乡环境综合治理理论。“2”指两大主体自觉，即城市与农村、城市居民与农村居民承担起环境保护的责任。“5”指五大保障：从经济路径提出发展城乡绿色生产力；从政治路径提出完善政府的环境保护职能；从法律路径提出完善城乡环境法制和严格执法；从社会路径提出发挥个人、社区和环保公益组织的积极作用，推进多元治理；从技术路径提出利用“互联网+”、大数据等科技手段建设美丽家园的设想，实现城乡环境综合治理。

二　研究方法

本书以唯物主义辩证法作为研究工具，用历史唯物主义的基本原理统摄全书，用历史唯物主义的具体理论佐证观点。

1. 文本解读法

本书尽最大努力挖掘马克思主义思想体系中与城乡环境综合治理问题有关的思想理论，并以此为研究的理论基础，论证城乡环境综合治理的重要性、城乡环境综合治理冲突的思想因素，为城乡环境综合治理的最终实现提供理论支撑。

2. 归纳概括法

本书概括了新中国成立以来党和国家对城乡环境综合治理嬗变的认识过程，主要以中国共产党的理论政策文件为研究对象，努力从宏观层面上对中国共产党城乡环境综合治理的认识进行梳理，把握其变化规律和发展趋势，并根据不同时期的运动轨迹，归纳党和国家对城乡环境综合治理认识的特征。

3. 定量定性分析法

本书运用定量定性分析的方法对城乡环境综合治理冲突的表现和冲突产生的原因进行分析，希望用客观的数据来论证城乡治理冲突的严重后果，用准确的语言描述城乡环境综合治理不协调的问题。

4. 多学科相结合的研究方法

城乡环境综合治理研究是一项涉及多个学科的复杂工程，只有多角度分析研究，才能真正把握城乡环境综合治理的本质特征；只有运用多学科的研究分析工具，才能建立起详细的佐证材料库。本书以马克思主义哲学统领全书，并综合了政治学、法学、社会学、统计学、数学等多个学科，探讨城乡环境综合治理实现的有效路径。

三　本书的创新之处和有待进一步研究的问题

（一）本书的创新之处

首先，梳理了新中国成立后党和国家制定颁布的城乡环境治理方面的主要政策文件，在此基础上分析了党和国家对城乡环境综合治理认识的演进过程，归纳概括了中国共产党城乡环境治理政策的话语特征，进而充实了学术界关于城乡环境保护建设的理论研究。

其次，从环境利益角度分析城乡环境综合治理问题。环境利益是环境问题的核心，城乡环境综合治理之所以难，很大程度上在于城乡之间复杂又难以理顺的环境利益关系；要实现城乡环境综合治理，根本上要实现城乡之间环境利益的协调。

最后，构建实现城乡环境综合治理的“1+2+5”体系框架。“1”指一个指导理论，即中国特色社会主义城乡环境综合治理理论；“2”指两大主体自觉，即城市与农村、城市居民与农村居民的环境保护责任；“5”指五大保障，即从经济、政治、社会、法律、科技五方面建立实现城乡环境综合治理的保障体系。同时提出具有创新意义的建议，如提出将“互联网+”运用到城乡环境综合治理实践中，实现城乡环境信息联网，拓展城乡居民参与维护环境综合治理的渠道；提出有区别、有步骤地推进城乡居民环境公平的思想教育。

当然，笔者由于知识眼界和学术水平的局限，对该课题的认识还不够深入和全面，对该课题的研究还处于初级阶段。笔者也将不断地学习钻研，不断深入该课题的研究，从而提升自己的学术水平。

（二）有待进一步研究的问题

本书对城乡环境综合治理问题的研究还有许多不足，这也是今后继续研究和进一步完善的动力，幸运的是2018年获得国家社会科学基金项目的支持，为该课题的进一步深入研究提供了保障。

首先，实现城乡环境综合治理需要搭建起实现城乡环境综合治理的机制，本书仅从较为宏观的层面对如何实现城乡环境综合治理进行论述，这是远远不够的。为了弥补文章对策部分操作性较弱的不足，今后将加强对城乡环境综合治理的实现机制研究，这一实现机制主要包括激励机制、约束机制、协调机制和保障机制等。同时建立起城乡环境综合治理的指标体系，使本书的研究不仅有理论上的探讨，还有实践操作的价值。

其次，城乡环境综合治理涉及城市与农村两大利益主体。当前我国城市与农村差异较大，东部农村与西部农村差异较大，同一个地区的城市与城市、城市与农村、农村与农村之间同样也存在着较大的差异，其具体的环境利益关系更是千差万别。而本书仅是对城乡环境综合治理问题中某些普遍性的规律进行分析概括，这就与各地区城乡环境综合治理的实际情况存在一定偏差。因此，今后研究的新方向是在了解普遍性规律的基础上，有区别地分析城乡环境综合治理问题。

最后，城乡环境综合治理问题是一个涉及多个领域的大问题，今后研究中国城乡环境综合治理问题除了立足于中国社会主义初级阶段的社会现实，还应该积极借鉴国外城乡环境治理的理论研究和实践探索，去伪存真，去粗取精，根据我国城乡环境治理的实际情况，汲取国外先进的经验方法，开阔我国城乡环境综合治理的研究视野。

第二章　中国城乡环境综合治理的马克思主义理论基础

中国城乡环境综合治理研究是建立在坚实的马克思主义理论基础之上的。马克思主义城乡融合思想和马克思主义环境利益理论是城乡环境综合治理的两大理论基础。马克思主义城乡融合思想是城乡环境综合治理的指导思想，实现城乡环境综合治理是为社会主义中国城乡融合的实现服务的；马克思主义环境利益理论是城乡环境综合治理的核心，环境利益越来越成为影响城乡环境综合治理实现的关键因素。

第一节　马克思主义城乡融合思想

马克思、恩格斯一直都很重视城乡关系问题。在一系列经典著作中，马克思、恩格斯就城乡产生的历史过程、城乡分离的产生原因、城乡分离的积极作用和消极作用进行阐述，并深刻地批判了资本主义条件下城乡分离、城乡差别造成的消极影响，指出了城乡差别的必要性和条件，并对实现城乡融合的举措做了前瞻性的设想。

一　辩证地看待城乡分离

人类社会早期，生产力水平还极端低下，生存仍是唯一需要，没有“城市”与“农村”的区别，自然而然也就不存在城乡冲突。然而滚滚向前的社会历史的车轮从没停下过，不断提高的社会生产力推动着农业劳动生产率的不断提高，使得“社会上的一部分人用在农业上的全部劳动——必要劳动和剩余劳动——必须足以为整个社会，从而也为非农业劳动者生产必要的食物”，使“从事农业的人和从事工业的人有实行这种巨大分工的可能，并且也使生产食物的农民和生产原料的农民有实行分工的可能”。[①] 换句话说，生产力的不断提高，使得劳动者在进行农业生产劳动时，不仅生产出了满足生存需要的产品，还生产出了多余的产品，这使得部分人可以不从事农业生产劳动也不影响生存问题，这一部分人便从农业劳动者的队伍中脱离出来，从而转化成为非农业劳动者，而这一身份的转变引发了城市与农村的分离。“一个民族内部的分工，首先引起工商业劳动同农业劳动的分离，从而也引起城乡的分离……”[②] 于是，在不断提高的生产力水平和进一步细化的社会分工的作用下，农业劳动者与非农业劳动者逐渐分离，城乡分离进而也成了人类历史发展的必然。

（一）城乡分离的积极作用

城乡分离推动着人类社会发展的历史车轮不断向前，“一切发达的、以商品交换为中介的分工的基础，都是城乡的分离”[③]。

首先，城乡分离是人类告别野蛮时代、走向文明的重要标志。“资产阶级使农村屈服于城市的统治。它创立了巨大的城市，使城市人口比农村人口大大增加起来，因而使很大一部分居民脱离了农村生活的愚昧状态。正像它使农村从属于城市一样，它使未开化和半开化的国家从属于文明的国家，使农民的民族从属于资产阶级的民族，使东方从属于西方”[④]，使“资产阶级在它的不到一百年的阶级统治中所创造的生产力，比过去一切世代创造的全部生产力还要多，还要大”[⑤]。

其次，城乡分离推动新的生产关系战胜旧的生产关系，推动新的政

---

① 马克思：《资本论》（第3卷），人民出版社，2004，第716页。
② 《马克思恩格斯文集》（第1卷），人民出版社，2009，第520页。
③ 马克思：《资本论》（第1卷），人民出版社，2004，第408页。
④ 《马克思恩格斯选集》（第1卷），人民出版社，2012，第405页。
⑤ 《马克思恩格斯选集》（第1卷），人民出版社，2012，第405页。

治制度战胜旧的政治制度。对此，马克思曾指出："中世纪（日耳曼时代）是从乡村这个历史的舞台出发的，然后，它的进一步发展是在城市和乡村的对立中进行的；现代的［历史］是乡村城市化，而不像在古代那样，是城市乡村化。"①

再次，资本主义生产关系下，城市工业的发展迅速、城市发展的需要和城乡冲突的尖锐化使得农村居民被迫进入城市，受压迫的命运使得他们与城市工人阶级团结起来，结成同盟，造就了最先进的无产阶级。最先进的无产阶级的产生不仅为社会革命的推动提供了有生力量，也为人类社会最终实现城乡融合提供了阶级基础。"人口的集中对有产阶级起了鼓舞的和促进发展的作用，同时也以更快的速度促进了工人的发展。工人们开始感到自己是一个整体，是一个阶级……大城市是工人运动的发源地，在这里，工人首先开始考虑自己的状况并为改变这种状况而斗争；在这里，首先出现了无产阶级和资产阶级的对立；在这里，产生了工人团体、宪章运动和社会主义。"② "如果没有大城市，没有大城市推动社会智慧的发展，工人决不会进步到现在的水平。"③

（二）城乡分离的消极影响

一方面，城乡分离在推动社会历史前进方面发挥着积极作用；另一方面，城乡分离的消极影响在资本主义时期变得尤为严重。

第一，城乡分离造成了严重的"城市病"。

在资本主义社会里，城市满足了资本扩张的本能需要。以资本利润最大化为目标，城市利用各种手段刺激资本散发出最大的能量，但随之而来的是失业、交通拥堵、犯罪等问题。

一是失业问题。"工人人口相对过剩的可能性随着资本主义生产的发展而以同样的程度发展起来"，这是因为"对劳动的资本主义剥削所

---

① 《马克思恩格斯全集》（第30卷），人民出版社，1995，第474页。

② 《马克思恩格斯文集》（第1卷），人民出版社，2009，第435~436页。

③ 《马克思恩格斯文集》（第1卷），人民出版社，2009，第436页。

引起的不平衡，即资本的不断增加和它对不断增加的人口的需要的相对减少之间的不平衡”[①]，所以“英国工业在任何时候，除短促的最繁荣的时期外，都一定要有失业的工人后备军……在一切大城市中都可以遇到许多这样的人”[②]。

二是犯罪问题。由于资本主义对工人创造的剩余价值的剥夺，再加上分配体制的严重畸形，工人往往处于赤贫状态，这引发了工人的仇世、仇富的不满情绪，导致犯罪率激增，“工人过着贫穷困苦的生活，看到别人的生活比他好。他想不通……而且穷困战胜了他生来对私有财产的尊重”[③]，“蔑视社会秩序的最明显最极端的表现就是犯罪。只要那些使工人道德堕落的原因产生了比平常更强烈更集中的影响，工人就必然会成为罪犯”[④]。也可以说“赤贫现象以加速度产生着赤贫现象。犯罪行为也随着赤贫现象的增长而增长”[⑤]。

三是住房问题。在资本主义社会，“由于资本和劳动的大量流动，一个工业城市的居住状况今天还勉强过得去，明天就会变得恶劣不堪”[⑥]。“工人大批地涌进大城市，而且涌入的速度比在现有条件下为他们修造住房的速度更快；所以，在这种社会中，最污秽的猪圈也经常能找到租赁者。”[⑦] “一方面，大批农村工人突然被吸引到发展为工业中心的大城市里来；另一方面，这些老城市的布局已经不适合新的大工业的条件和与此相应的交通；街道在加宽，新的街道在开辟，铁路穿过市内。正当工人成群涌入城市的时候，工人住房却在大批拆除。于是就突然出现了工人以及以工人为主顾的小商人和小手工业者的住房短缺。”[⑧] 在这种社会中，“城市中条件最差的地区的工人住宅，和这个阶级的其他生

① 马克思：《资本论》（第3卷），人民出版社，2004，第247页。
② 《马克思恩格斯全集》（第2卷），人民出版社，1957，第369页。
③ 《马克思恩格斯文集》（第1卷），人民出版社，2009，第449页。
④ 《马克思恩格斯文集》（第1卷），人民出版社，2009，第443页。
⑤ 《马克思恩格斯全集》（第5卷），人民出版社，1958，第368页。
⑥ 《马克思恩格斯文集》（第5卷），人民出版社，2009，第762~763页。
⑦ 《马克思恩格斯文集》（第3卷），人民出版社，2009，第276页。
⑧ 《马克思恩格斯文集》（第3卷），人民出版社，2009，第239页。

活条件结合起来，成了百病丛生的根源，这一点我们从各个方面得到了证明”①。

第二，城乡分离带来了严重的环境问题。

马克思、恩格斯早就关注了城市环境问题、城乡环境差异。恩格斯这样写道：“大城市人口集中这件事本身就已经引起了不良后果。伦敦的空气永远不会像乡村地区那样清新，那样富含氧气。250 万人的肺和 25 万个火炉……消耗着大量的氧气，要补充这些氧气是很困难的，因为城市建筑形式本来就阻碍了通风。……居民的肺得不到足够的氧气，结果肢体疲劳，精神委靡，生命力减退。因此，大城市的居民虽然患急性病的，特别是各种炎症的，比生活在清新空气里的农村居民少得多，但是患慢性病的却多得多。”② “现代自然科学已经证明，挤满了工人的所谓‘恶劣的街区’，是不时光顾我们城市的一切流行病的发源地……这些疾病在那里几乎从未绝迹，条件适宜时就发展成为普遍蔓延的流行病，越出原来的发源地传播到资本家先生们居住的空气清新的合乎卫生的城区去”③；“在大城市的中心，在四周全是建筑物、新鲜空气全被隔绝了的街巷和大杂院里……一切腐烂的肉类和蔬菜都散发着对健康绝对有害的臭气”④。

第三，城乡分离阻碍了“农业、农村、农村居民”的发展。

在马克思恩格斯理论体系中，农业处于基础性地位。农业生产为人类生存和发展提供各种生活生产必需品，农业生产过程中超过劳动者个人需要的农业劳动生产率成为农村进一步发展的推动力。然而，资本主义的城乡分离严重影响着“农业、农村、农村居民”的发展。一是农业资本家近乎疯狂地提高土地肥力，对农业的可持续发展造成极大破坏。“资本主义农业的任何进步，都不仅是掠夺劳动者的技巧的进步，而且

① 《马克思恩格斯文集》（第 1 卷），人民出版社，2009，第 411 页。
② 《马克思恩格斯文集》（第 1 卷），人民出版社，2009，第 409~410 页。
③ 《马克思恩格斯选集》（第 3 卷），人民出版社，2012，第 212~213 页。
④ 《马克思恩格斯文集》（第 1 卷），人民出版社，2009，第 410 页。

是掠夺土地的技巧的进步，在一定时期内提高土地肥力的任何进步，同时也是破坏土地肥力持久源泉的进步。”[①] 二是农业生产方式的现代化使得大量农业劳动力过剩，他们或者失业，或者被驱赶到城市的边缘。由于分散和软弱，他们既得不到作为农村居民应该享有的基本权利，也享受不了城市发展带来的繁荣与权利。三是城市及其工商业的繁荣具有相当强大的诱惑力，使得农村中最强壮、最有知识和能力的农业劳动力或弃农而工，或弃乡而走，农村日益荒凉。

第四，城乡分离阻碍了人的自由全面发展。

“城乡之间的对立是个人屈从于分工、屈从于他被迫从事的某种活动的最鲜明的反映，这种屈从把一部分人变为受局限的城市动物，把另一部分人变为受局限的乡村动物，并且每天都重新产生二者利益之间的对立。”[②] 这种利益之间的冲突“立即使农村居民陷于数千年的愚昧状况，使城市居民受到各自的专门手艺的奴役。它破坏了农村居民的精神发展的基础和城市居民的肉体发展的基础”，使劳动者日益完全依附于劳动，而且是极其片面、机械性的特定劳动，“它压抑工人的多种多样的生产志趣和生产才能，人为地培植工人片面的技巧……个体本身也被分割开来，转化为某种局部劳动的自动的工具”，“这种自动工具在许多情况下只有通过工人的肉体的和精神的真正的畸形发展才达到完善的程度。大工业的机器使工人从一台机器下降为机器的单纯附属物”[③]。可见，城乡分离不但使人的身体畸形发展，而且使人的劳动成为束缚人自由全面发展的枷锁。因此，要实现人的自由全面的发展，就必须实现城乡融合。只有实现了城乡融合，城乡居民才能“随自己的兴趣今天干这事，明天干那事，上午打猎，下午捕鱼，傍晚从事畜牧，晚饭后从事批判”[④]，才能结束束缚身心自由的片面的机械性的劳动。

---

① 《马克思恩格斯全集》（第42卷），人民出版社，2016，第519页。

② 《马克思恩格斯选集》（第1卷），人民出版社，2012，第184~185页。

③ 《马克思恩格斯选集》（第3卷），人民出版社，2012，第679页。

④ 《马克思恩格斯选集》（第1卷），人民出版社，2012，第165页。

二　城乡融合的历史必然与途径

城乡分离自产生之日便存在着。在社会发展的历史长河里，城乡分离虽然推动了人类文明发展，在资本主义制度下，却也激发了各种矛盾，阻碍社会的进一步发展。正因为如此，实现城乡融合成为必然。实现城乡融合"日益成为工业生产和农业生产的实际要求"[①]，实现城乡融合不仅是必然的，而且是可能的，"已经成为工业生产本身的直接必需，同样也已经成为农业生产和公共卫生事业的需要。只有通过城市和乡村的融合，现在的空气、水和土地的污染才能排除，只有通过这种融合，才能使目前城市中病弱群众的粪便不致引起疾病，而被用做植物的肥料"[②]。

马克思认为实现城乡融合不仅必要，而且可能。马克思立足于对资本主义条件下不合理的旧的社会分工的批判，批驳了蒲鲁东的"城乡分离和对立是永恒的规律"的观点、杜林的"城乡之间的鸿沟永远也无法填平"的观点，汲取了空想社会主义者的城乡理论，断定人们只有在实现城乡融合后"才能从他们以往历史所铸造的枷锁中完全解放出来，这完全不是空想"[③]。这是因为资本主义生产力的快速发展带来了物质的极大丰富，也带来了不断尖锐化的阶级矛盾。物质的极大丰富为实现城乡融合提供了物质保障，城乡不再为了追求各自的经济发展而矛盾重重；不断尖锐化的阶级矛盾成为实现城乡融合的推动力，为城乡融合提供了阶级准备。

要促进城乡融合，可以尝试以下几条途径。

途径一：建立社会主义。

资本主义生产方式使得城乡冲突日益严重而不可调和，城市日益繁荣和强大，农村日益隔绝和分散。"商品市场经济在城市和工业部门的

① 《马克思恩格斯选集》（第 3 卷），人民出版社，2012，第 264 页。

② 《马克思恩格斯选集》（第 3 卷），人民出版社，2012，第 684 页。

③ 《马克思恩格斯选集》（第 3 卷），人民出版社，2012，第 265 页。

发展速度快于农村和农业；工业比农业发展快、劳动生产率更高；城市工人在提高工资水平方面处于比农业工人和家庭工人更为有利的地位；城市文明和工业文明的熏陶使城市居民的文明程度高于农村居民。”[①] 要改变这些现象，马克思、恩格斯认为，只有实现城乡融合才有可能，“才能使农村人口从他们数千年来几乎一成不变地在其中受煎熬的那种与世隔绝的和愚昧无知的状态中挣脱出来”[②]，而实现城乡融合必须推翻资本主义生产方式，建立社会主义社会。“由社会全体成员组成的共同联合体来共同地和有计划地利用生产力；把生产发展到能够满足所有人的需要的规模；结束牺牲一些人的利益来满足另一些人的需要的状况；彻底消灭阶级和阶级对立；通过消除旧的分工，通过产业教育、变换工种、所有人共同享受大家创造出来的福利，通过城乡的融合，使社会全体成员的才能得到全面发展，——这就是废除私有制的主要结果。”[③] 资本主义的残酷剥削和资本主义农业生产力的不断提高，使原有的小农经济逐渐解体以至消亡，农业产业工人出现，并与工人阶级一样备受资本家的盘剥与压迫，共同的命运使得他们与城市工人阶级关系越来越密切，最终联合起来，结成同盟，共同致力于推翻资本主义制度的社会主义革命。

在未来共产主义社会的高级阶段，城乡差别也将消失。“根据共产主义原则组织起来的社会，将使自己的成员能够全面发挥他们的得到全面发展的才能。于是各个不同的阶级也必然消灭。因此，根据共产主义原则组织起来的社会一方面不容许阶级继续存在，另一方面这个社会的建立本身为消灭阶级差别提供了手段……从事农业和工业的将是同一些人，而不再是两个不同的阶级，单从纯粹物质方面的原因来看，这也是共产主义联合体的必要条件。”[④] 显然，消灭城乡差别是历史发展的必然

---

① 何曾科：《马克思、恩格斯关于农业和农民问题的基本观点述要》，《马克思主义与现实》2005年第5期。

② 《马克思恩格斯文集》（第3卷），人民出版社，2009，第326页。

③ 《马克思恩格斯选集》（第1卷），人民出版社，2012，第308~309页。

④ 《马克思恩格斯选集》（第1卷），人民出版社，2012，第308页。

趋势。

途径二：发展生产力。

城乡融合不是一朝一夕就可以实现的，需要厚实的物质基础。城乡融合“是共同体的首要条件之一，这个条件又取决于许多物质前提，而且任何人一看就知道，这个条件单靠意志是不能实现的”[①]。马克思、恩格斯认为城乡融合“单靠意志是不能实现的”，那么怎样才能实现城乡融合呢？马克思、恩格斯认为城乡冲突是工业与农业发展水平还不够的表现，只有生产力高度发展才能为缓解城乡冲突、实现城乡融合奠定物质基础。

实现城乡融合的重要前提条件是社会生产力的高度发展。如果能“把每个人的生产力提高到能生产出够两个人、三个人、四个人、五个人或六个人消费的产品；那时，城市工业就能腾出足够的人员，给农业提供同此前完全不同的力量；科学终于也将大规模地、像在工业中一样彻底地应用于农业”[②]。一是高度发展的社会生产力促使农村居民摆脱愚昧与落后，“只有使工业生产和农业生产发生紧密的联系，并适应这一要求使交通工具也扩充起来……才能使农村人口从他们数千年来几乎一成不变地在其中受煎熬的那种与世隔绝的和愚昧无知的状态中挣脱出来”[③]。二是合理分布社会生产力，使城乡经济协调发展。“大工业在全国的尽可能均衡的分布是消灭城市和乡村分离的条件”[④]；要促进城乡融合，必须“由社会全体成员组成的共同联合体来共同地和有计划地利用生产力；把生产发展到能够满足所有人的需要的规模”[⑤]，“只有按照一个统一的大的计划协调地配置自己的生产力的社会，才能使工业在全国分布得最适合于它自身的发展和其他生产要素的保持或发展”[⑥]。总之，

① 《马克思恩格斯选集》（第1卷），人民出版社，2012，第185页。
② 《马克思恩格斯选集》（第4卷），人民出版社，2012，第460页。
③ 《马克思恩格斯选集》（第3卷），人民出版社，2012，第265页。
④ 《马克思恩格斯选集》（第3卷），人民出版社，2012，第684页。
⑤ 《马克思恩格斯选集》（第1卷），人民出版社，2012，第308页。
⑥ 《马克思恩格斯选集》（第3卷），人民出版社，2012，第683~684页。

只有实现生产力的发展及合理分布，才能“把城市和农村生活方式的优点结合起来，避免二者的片面性和缺点”①，才能逐渐拉近农村居民和城市居民在生产生活中渐行渐远的距离，才能使城乡居民共同享受人类共同创造的各种文明成果。

途径三：发挥城市的引导作用和辐射扩散功能。

缓解城乡冲突，实现城乡融合，不是要城市放下前进的步伐，不是要城市放弃自身原有的发展优势，更不是要抛弃城市、打压城市、消灭城市，而是要高度重视城市的引导作用，充分发挥城市的辐射扩散功能。城市的聚集效应吸引着人才和资本的不断涌入，城市的辐射功能影响着以其为中心的城市圈的形成与扩大，这一切成为人类生产生活方式变迁和思想观念变化的推动力。作为一个复杂的整体系统，“城市本身的单纯存在与仅仅是众多的独立家庭不同。在这里，整体并不是由它的各个部分组成。它是一种独立的有机体”②。经历了千百年的演变，在社会分工发展和工业化进程的推动下，这个“独立的有机体”成为如今集政治、经济、文化、科技等于一身的中心，发挥着推动社会生产力水平提高和人类社会进步的积极作用。

其一，城市聚集着资本、技术、劳动力等生产要素，有利于提高生产效率。因为这里“有铁路、运河和公路；挑选熟练工人的机会越来越多；由于附近的建筑业主和机器制造厂主之间的竞争，在这种地方开办新企业就比偏远地区花费要少，因为在偏远地区，建筑材料和机器以及建筑工人和工厂工人都必须先从别处运来；这里有顾客云集的市场和交易所，这里同提供原料的市场和销售成品的市场有直接的联系”③；因为这里“是工人的密集，而这种密集一般来说只有在人口密度达到一定程度的地方才有可能”④，这有利于实现生产过程中进一步的细化分工和协

① 《马克思恩格斯选集》（第1卷），人民出版社，2012，第305页。
② 《马克思恩格斯选集》（第2卷），人民出版社，2012，第733页。
③ 《马克思恩格斯文集》（第1卷），人民出版社，2009，第406~407页。
④ 《马克思恩格斯全集》（第32卷），人民出版社，1998，第331~332页。

作；因为这里“城市工人比农村劳动者发展，这只是由于他的劳动方式使他生活在社会之中，而农村劳动者的劳动方式则使他直接靠自然生活”[①]；因为在这里，“在大多数生产劳动中，单是社会接触就会引起竞争心和特有的精力振奋，从而提高每个人的个人工作效率”[②]。

其二，城市发挥辐射扩散功能，促进农村、农业和农村居民的发展。“城市的繁荣也使农业摆脱了中世纪的最初的粗陋状态。人们不仅开垦了大片的荒地，而且种植了染料植物以及其他引进的作物，对这些作物的精心栽培，使农业普遍得到了有益的促进。”[③] 它“使城市人口比农村人口大大增加起来，因而使很大一部分居民脱离了农村生活的愚昧状态”[④]，因此，“农村中社会变革的需要和社会对立，就和城市相同了。最墨守成规和最不合理的经营，被科学在工艺上的自觉应用代替了”[⑤]。

其三，城市具有很强的影响力。城市往往是地区或国家领域内经济发展最快、政治最稳定、文化最繁荣的地方；甚至某些超大城市凭借强大的经济政治实力成为世界中心，影响全世界经济、政治、文化的走势。“城市彼此建立了联系，新的劳动工具从一个城市运往另一个城市，生产和交往之间的分工随即引起了各城市之间在生产上的新的分工，不久每一个城市都设立一个占优势的工业部门。最初的地域局限性开始逐渐消失。”[⑥] “像伦敦这样的城市，就是逛上几个钟头也看不到它的尽头，而且也遇不到表明快接近开阔的田野的些许征象，——这样的城市是一个非常特别的东西。这种大规模的集中，250 万人这样聚集在一个地方，使这250 万人的力量增加了 100 倍；他们把伦敦变成了全世界的商业首都，建造了巨大的船坞，并聚集了经常布满太晤士河的成千的船只。”[⑦] “它首次开创了世界历史，因为它使每个文明国家以及这些国家中的每一个人的需

---

① 《马克思恩格斯全集》（第 34 卷），人民出版社，2008，第 259 页。
② 《马克思恩格斯全集》（第 42 卷），人民出版社，2016，第 332 页。
③ 《马克思恩格斯文集》（第 2 卷），人民出版社，2009，第 222 页。
④ 《马克思恩格斯选集》（第 1 卷），人民出版社，2012，第 405 页。
⑤ 《马克思恩格斯全集》（第 42 卷），人民出版社，2016，第 519 页。
⑥ 《马克思恩格斯选集》（第 1 卷），人民出版社，2012，第 187 页。
⑦ 《马克思恩格斯全集》（第 2 卷），人民出版社，1957，第 303 页。

要的满足都依赖于整个世界，因为它消灭了各国以往自然形成的闭关自守的状态……它建立了现代的大工业城市——它们的出现如雨后春笋——来代替自然形成的城市。凡是它渗入的地方，它就破坏手工业和工业的一切旧阶段。它使城市最终战胜了乡村。”[①] 总之，现代城市改变了人们的生产生活方式。“在再生产的行为本身中，不但客观条件改变着，例如乡村变为城市，荒野变为开垦地等等，而且生产者也改变着，他炼出新的品质，通过生产而发展和改造着自身，造成新的力量和新的观念，造成新的交往方式，新的需要和新的语言。”[②]

总之，实现城市和乡村的融合，并不是要消灭城市和城市文明，而是让城市发挥“聚集力”，拉紧农村，形成更强大的城市综合体；让城市发挥“规模效应”，利用城市资金、人才、技术等优势拉动农村一起发展。当然，在促进城乡融合的进程中，不是让城市等于农村、农村等于城市，而是要实现城市与农村协调发展。

途径四：改造农村居民，发展现代农业。

改造农村居民是缩小城乡差别的必要环节。实现城乡融合还要注重农村建设主体的转变与发展。改造农村居民有两种形式。一是转变。“农民到处都是人口、生产和政治力量的非常重要的因素。”[③] 资本主义从自由资本主义阶段进入垄断资本主义阶段，资本获得了极大发展，机器大工业使得农业劳动者也成为资本主义剥削的对象，受剥削的命运使得农业劳动者与工人阶级之间有很强的认同感，使得农业劳动者与工人阶级结盟成为无产阶级的重要组成部分，成为社会主义革命的重要力量之一。正因为如此，社会主义工人政党“为了夺取政权”，“应当首先从城市走向农村，应当成为农村中的一股力量”[④]。二是发展。在社会主义制度建立后，应努力提高农村居民的文化素质水平，把农村居民培养成

① 《马克思恩格斯选集》（第 1 卷），人民出版社，2012，第 194 页。
② 《马克思恩格斯选集》（第 2 卷），人民出版社，2012，第 747 页。
③ 《马克思恩格斯选集》（第 4 卷），人民出版社，2012，第 355 页。
④ 《马克思恩格斯选集》（第 4 卷），人民出版社，2012，第 356 页。

社会主义建设的主力军。恩格斯在《法德农民问题》一文中阐明了在社会主义社会改造农村居民的基本方法，何增科在《马克思、恩格斯关于农业和农民问题的基本观点述要》一文中将其概括为以下三点："（1）对于小农的改造，既不能支持资本主义经济、资本主义农业的发展，不能帮助资本主义经济去剥削压榨小农，也不能支持小农去保护个体经济，不能许诺小农永久保存个人私有土地；无产阶级政党在处理小农与资本家的关系上，应坚决站在小农一边，竭力设法使他们的命运过得去一些，使他们易于过渡到合作社；无产阶级政党掌握国家权力后，绝不要用暴力剥夺小农，而是通过示范和为此提供社会帮助，以合作社的大生产取代农村居民的小生产，并且要让农村居民自己通过经济的道路去实现合作社的生产和占有。（2）对于中农和大农的改造，无产阶级政党既不能阻止他们的经济衰落，更不能许诺他们长期保存雇用工人经营，而应建议他们组织成合作社，以逐渐消除雇佣劳动，使他们逐步过渡到新的生产方式。（3）对于大土地占有制，应在无产阶级取得政权后剥夺大土地占有者，把收归的土地交给原来耕种这些土地的农业工人组成的合作社使用。"① 针对农民的不同情况，采取不同的改造方法，可通过发展合作社的办法，发挥集体生产经营的优越性，使农村、农村居民不断发展壮大起来，逐步缩小城市和乡村之间的差别。

发展现代大农业，重视农业的基础性作用。农业是整个国民经济的基础，城乡融合不能一味地依赖城市的引导、示范、带动、反哺，更重要的是要靠农业自身的发展。马克思、恩格斯认为可通过发展社会主义土地国有化基础上的农业计划经济来实现社会主义农业现代化。推翻资本主义，无产阶级取得政权，土地收归国有，生产资料由城乡居民共同占有。发展现代大农业，充分利用先进的科学技术进行大规模的农业生产，从而实现"以自由的联合的劳动条件去代替劳动受奴役的经济条

---

① 何增科：《马克思、恩格斯关于农业和农民问题的基本观点述要》，《马克思主义与现实》2005 年第 5 期。

件"[①]，这是马克思、恩格斯笔下的社会主义农业现代化的概貌。

途径五：重视科学技术的应用与普及。

科学技术的发展、应用与普及大大推动了资本主义国家经济发展，扩大了经济发展规模，同时也改变着城乡之间相互隔绝、封闭的状态，增进城市与农村在经济、政治、文化等领域的联系。一是应用和普及科学技术，可以突破自然条件对生产力发展的限制，使城乡生产力发展更有后劲；可以打破自然条件对生产力布局的限制，使城乡生产力分布更加合理，"德普勒的最新发现在于，能够把高压电流在能量损失较小的情况下，通过普通电报线输送到迄今连做梦也想不到的远处，并在那一端加以利用——这件事还只是处于萌芽状态——，这一发现使工业彻底摆脱几乎所有的地方条件的限制，并且使极遥远的水力的利用成为可能"[②]。二是应用和普及科学技术，可以改变高污染高耗能企业的生产模式和滥采滥伐、滥用化肥农药的农业生产方式，用高科技手段实现现代化工业清洁发展、现代化农业绿色发展。三是普及科学技术可以武装城乡居民的大脑，克服腐朽落后的封建迷信思想，进一步提高城乡居民的思想文化素质，为缓解城乡冲突提供智力保障。

第二节　马克思主义环境利益思想

环境利益来源于环境，与人类息息相关，是人类众多利益中的一种。关于环境利益，马克思、恩格斯虽然并没有给它一个很明确的概念内涵，如"公共服务"一词，但不能因为没有明确的概念内涵而否认它的存在，这是狭隘的。马克思、恩格斯包括列宁，借自然人的环境需要来讨论环境利益，把环境利益的思想隐藏于探讨自然、人、社会之间错综复杂的关系中，在批判资本主义残酷剥削的字里行间阐述环境利益思想。

---

① 《马克思恩格斯选集》（第3卷），人民出版社，2012，第143页。

② 《马克思恩格斯选集》（第4卷），人民出版社，2012，第556页。

一 劳动者的环境利益被侵蚀

自然与人类的环境利益密切相关，然而自然的异化使得“光、空气等等，甚至动物的最简单的爱清洁习性，都不再是人的需要了”①。

（一）农村居民环境利益被侵蚀

在资本主义对农业工人盘剥的过程中，农村居民逐渐丧失满足生存需要的环境资源，如土地，而土地成为统治他们的工具，劳动只是为了获得更多的剩余价值，并成为控制农村居民的异己力量。在《资本论》“所谓原始积累”一章中，马克思这样写道：“当时，尤其是15世纪，绝大多数人口是自由的自耕农……农业中的雇佣工人包括两种人，一种是利用空闲时间为大土地所有者做工的农民，一种是独立的、相对说来和绝对说来人数都不多的真正的雇佣工人阶级。甚至后者实际上也是自耕农，因为除了工资，他们还分得4英亩或更多一些的耕地和小屋。此外，他们又和真正的农民共同利用公有地，在公有地上放牧自己的牲畜和取得木材、泥炭等燃料。”② 但“到19世纪，人们自然甚至把农民和公有地之间的联系都忘却了。更不必谈最近的时期：1801年到1831年农村居民被夺去3511770英亩公有地，并由地主通过议会赠送给地主，难道农村居民为此得到过一文钱的补偿吗？”③，“农业工人的工资在1765—1780年之间开始降到最低限度以下，因此必须由官方的济贫费来补助。他说，他们的工资‘只够满足绝对必要的生活需要’”④，最后“在他们耕种的土地上甚至再也找不到必要的栖身之所了”⑤，“无力养家糊口的人多得惊人”⑥。资本原始积累的深化不断破坏着农村居民与土地的关系。原先农

① 《马克思恩格斯文集》（第1卷），人民出版社，2009，第225页。

② 马克思：《资本论》（第1卷），人民出版社，2004，第823~824页。

③ 马克思：《资本论》（第1卷），人民出版社，2004，第836页。

④ 马克思：《资本论》（第1卷），人民出版社，2004，第835页。

⑤ 马克思：《资本论》（第1卷），人民出版社，2004，第837页。

⑥ 马克思：《资本论》（第1卷），人民出版社，2004，第826页。

村居民还能从土地中获取环境利益而生存，随着土地不断被剥夺，而今他们已经成为失去生产资料的无产者，只能以出卖自己的劳动力维持生计，最终成为需要救济的、连自己的劳动都养不活自己的无产阶级。

（二）城市工人阶级环境利益被侵害

资本主义土地私有制使得大量失去土地的农村居民不断涌入城市，成为城市工人阶级的一部分，并被资本家剥削。为了生存，城市工人阶级只能忍受恶臭的生活环境带来的痛苦，只能忍受恶劣的劳动环境带来的折磨，那些原本属于他们的环境利益变成了资本家的经济利润。

盲目追求资本最大化使得城市污染相当严重，工人阶级生活在水深火热之中——恶劣的生活环境和残酷的生产环境——工人或是出现身体畸形或是染上疾病或是死亡。恩格斯写道："大城市人口集中这件事本身就已经引起了不良后果。伦敦的空气永远不会像乡村地区那样清新，那样富含氧气。250 万人的肺和 25 万个火炉挤在三四平方德里的面积上，消耗着大量的氧气，要补充这些氧气是很困难的，因为城市建筑形式本来就阻碍了通风。呼吸和燃烧所产生的碳酸气，由于本身比重大，都滞留在街道上，而大气的主流只从屋顶掠过。居民的肺得不到足够的氧气，结果肢体疲劳，精神委靡，生命力减退。因此，大城市的居民虽然患急性病的，特别是各种炎症的，比生活在清新空气里的农村居民少得多，但是患慢性病的却多得多。如果说大城市的生活本来就已经对健康不利，那么，工人区的污浊空气造成的危害又该是多么大啊，我们已经看到，一切能污染空气的东西都聚集在那里……一切可以保持清洁的手段都被剥夺了，水也被剥夺了，因为自来水管只有出钱才能安装，而河水又被污染，根本不能用于清洁目的。他们被迫把所有的废弃物和垃圾、把所有的脏水、甚至还常常把令人作呕的污物和粪便倒在街上，因为他们没有任何别的办法处理这些东西……"[①] 马克思批判道："工人的

---

① 《马克思恩格斯文集》（第 1 卷），人民出版社，2009，第 409~410 页。

产品越完美，工人自己越畸形；工人创造的对象越文明，工人自己越野蛮；劳动越有力量，工人越无力；劳动越机巧，工人越愚笨，越成为自然界的奴隶……劳动生产了宫殿，但是给工人生产了棚舍。劳动生产了美，但是使工人变成畸形。”[①] 工人“在自己的劳动中不是肯定自己，而是否定自己，不是感到幸福，而是感到不幸，不是自由地发挥自己的体力和智力，而是使自己的肉体受折磨、精神遭摧残”[②]。

极端恶劣的生活环境致使工人身心遭受严重摧残。马克思、恩格斯详尽考察英国工人阶级的生活状况，客观描述了资本主义社会人民群众环境利益遭受的令人触目惊心的侵害。恩格斯在《英国工人阶级状况》中写道：“这里的建筑也和朗-密尔盖特街下段一样密集而杂乱。大街左右有很多有顶的过道通到许多大杂院里面去；一到那里，就陷入一种不能比拟的肮脏而令人作呕的环境里；向艾尔克河倾斜下去的那些大杂院尤其如此；这里的住宅无疑地是我所看到过的最糟糕的房子。在这里的一个大杂院中，正好在入口的地方，即在有顶的过道的尽头，就是一个没有门的厕所，非常脏，住户们出入都只有跨过一片满是大小便的臭气熏天的死水洼才行。这是艾尔克河畔杜西桥以上的第一个大杂院……下面紧靠着河的地方有几个制革厂，四周充满了动物腐烂的臭气……桥底下流着，或者更确切地说，停滞着艾尔克河，这是一条狭窄的、黝黑的、发臭的小河，里面充满了污泥和废弃物，河水把这些东西冲积在右边的较平坦的河岸上……桥以上是制革厂；再上去是染坊、骨粉厂和瓦斯厂，这些工厂的脏水和废弃物统统汇集在艾尔克河里，此外，这条小河还要接纳附近污水沟和厕所里的东西。”[③] 而资产阶级却生活在截然不同的世界里，他们拥有豪华住宅，享受着新鲜空气和鲜花绿草，却对工人阶级生活环境的肮脏和生产环境的恶臭熟视无睹，“看不到左右两旁的极其

---

① 《马克思恩格斯选集》（第1卷），人民出版社，2012，第52~53页。

② 马克思：《1844年经济学哲学手稿》，人民出版社，2000，第54页。

③ 《马克思恩格斯全集》（第2卷），人民出版社，1957，第330~331页。

肮脏贫困的地方”[①]。工人阶级在不断创造剩余价值的同时，却被无情地剥夺了本该属于他们的新鲜空气、清洁水源。“甚至对新鲜空气的需要也不再成其为需要了。人又退回到洞穴中居住，不过这洞穴现在已被文明的污浊毒气所污染……”[②] 资本家追求利润最大化，却造成了严重的环境污染，资本家为了满足自身生存、享受和发展的需要，将工人阶级的环境利益践踏在脚下，留给工人的只有污浊的空气、肮脏的河水、孱弱的身体和岌岌可危的生命。

在资本家眼里，工人阶级的健康与生命都是不值一提的，工人仅仅是创造剩余价值的工具，仅仅是为资本家赚钱的机器，没有利益诉求，更遑论环境利益。对此，恩格斯有过深刻的描述：“对健康最有害并引起工人早死的，是磨刀叉的工作，特别是在干石头上磨的时候……由于在磨刀叉时有大量灰尘状的、极细微的、有尖锐棱角的金属屑飞出来，弥漫在空气中，从而不可避免地要吸到肺里去。干磨工平均很难活到三十五岁，湿磨工也很少能活到四十五岁。”[③] 恩格斯分析了纺织和服装加工厂的环境污染，这也让人惊愕：“在纺纱工厂和纺麻工厂里，屋子里都飞舞着浓密的纤维屑，这使得工人，特别是梳棉间和刮麻间的工人容易得肺部疾病……把这种纤维屑吸到肺里去，最普通的后果就是吐血、呼吸困难而且发出哨音、胸部作痛、咳嗽、失眠，一句话，就是哮喘病的各种症候，情形最严重的最后就成为肺结核。”[④] “工房和卧室里的空气郁闷，经常保持弯腰曲背的姿势，吃恶劣的难消化的食物”，“劳动时间太长和缺乏新鲜空气，结果女孩子们的健康受到致命的摧残。她们很快就感到疲倦、困顿、衰弱、食欲不振、肩痛、背痛、腰酸，特别是头痛……以及各种妇科病”[⑤]。分析采矿业的环境污染对人身生态的危害时，恩格斯这样写道：“矿井深处的空气含氧很少，并且混杂着尘土和

---

① 《马克思恩格斯全集》（第 2 卷），人民出版社，1957，第 327 页。
② 《马克思恩格斯文集》（第 1 卷），人民出版社，2009，第 225 页。
③ 《马克思恩格斯全集》（第 2 卷），人民出版社，1957，第 490 页。
④ 《马克思恩格斯全集》（第 2 卷），人民出版社，1957，第 449 页。
⑤ 《马克思恩格斯全集》（第 2 卷），人民出版社，1957，第 496~497 页。

炸药爆炸时的烟，这种空气对肺部很有害，妨碍心脏的活动，削弱消化器官的机能……矿井坑道内氧气不足，空气中充满尘土、炸药烟、碳酸气和含硫的瓦斯。因此，这里的矿工和康瓦尔的矿工一样，也是身材矮小，从三十岁起就几乎都患肺部疾病，如果患者继续工作下去的话（他们几乎总是继续工作下去的），这种病最后就转成真正的肺结核，大大缩短这些人的平均寿命。”[①] 这是“对工人在劳动时的生活条件系统的掠夺，也就是对空间、空气、阳光以及对保护工人在生产过程中人身安全和健康的设备系统的掠夺，至于工人的福利设施就根本谈不上了”[②]。满怀着对资本主义罪恶的极大憎恨和对工人阶级的极大同情，恩格斯批判道：“资产阶级的这种令人厌恶的贪婪造成了这样一大串疾病！妇女不能生育，孩子畸形发育，男人虚弱无力，四肢残缺不全，整代整代的人都毁灭了，他们疲惫而且衰弱，——而所有这些都不过是为了要填满资产阶级的钱袋！”[③]

二 建立社会主义以保护环境利益

资本主义的发展建立在对环境残酷破坏的基础上。马克思指出：“生产上利用的自然物质，如土地、海洋、矿山、森林等等，不是资本的价值要素。只要提高同样数量劳动力的紧张程度，不增加预付货币资本，就可以从外延方面或内涵方面，加强对这种自然物质的利用。”[④] 这是自然带给人类生活生产的好处，但这种好处的利用不能超过限度。掏空自然，人类只能自食恶果。恩格斯批判道：“支配着生产和交换的一个个资本家所能关心的，只是他们的行为的最直接的效益。”“西班牙的种植场主曾在古巴焚烧山坡上的森林，以为木灰作为肥料足够最能赢利的咖啡树利用一个世代之久，至于后来热带的倾盆大雨竟冲毁毫无保护

① 《马克思恩格斯全集》（第2卷），人民出版社，1957，第531页。
② 《马克思恩格斯全集》（第42卷），人民出版社，2016，第441~442页。
③ 《马克思恩格斯全集》（第2卷），人民出版社，1957，第453页。
④ 《马克思恩格斯选集》（第2卷），人民出版社，2012，第384页。

的沃土而只留下赤裸裸的岩石，这同他们又有什么相干呢？"[①] 恩格斯在《自然辩证法》中谴责资本主义生产方式破坏森林，指出："在今天的生产方式中，面对自然界和社会，人们注意的主要只是最初的最明显的结果，可是后来人们又感到惊讶的是：取得上述成果的行为所产生的较远的后果，竟完全是另外一回事，在大多数情况下甚至是完全相反的；需求和供给之间的和谐，竟变成二者的两极对立……"[②] 资本家的短视导致他们看不到自然的重要性，在金钱欲、享受欲的驱使下，环境对于资本家来说就是赚钱的工具、享受的来源。因此只有建设一个新的文明社会形态——社会主义，才能真正维护环境利益不受侵害。

建立社会主义，还应该有计划地控制自然。人类文明史上，人曾经用原始的和野蛮的方式掠夺自然，"进步的各民族的文化遗留下来相当大的荒漠"。在《关于弗腊斯〈各个时代的气候和植物界〉的札记》中，恩格斯以德国和意大利为例，认为要以有计划的生产方式对自然加以有意识的控制。马克思指出："社会化的人，联合起来的生产者，将合理地调节他们和自然之间的物质变换，把它置于他们的共同控制之下，而不让它作为一种盲目的力量来统治自己；靠消耗最小的力量，在最无愧于和最适合于他们的人类本性的条件下来进行这种物质变换。"[③] 不仅如此，马克思还指出："农民非常喜欢的'湿度'随着耕作的发展（并且与耕作的发展程度相适应）逐渐消失（因此，植物也从南方移到北方），最后形成了草原。耕作的最初影响是有益的，但是，由于砍伐树木等等，最后会使土地荒芜。"[④] "美索不达米亚、希腊、小亚细亚以及其他各地的居民，为了得到耕地，毁灭了森林，但是他们做梦也想不到，这些地方今天竟因此而成为不毛之地，因为他们使这些地方失去了森林，也就失去了水分的积聚中心和贮藏库。阿尔卑斯山的意大利人，当他们在山

① 《马克思恩格斯选集》（第 3 卷），人民出版社，2012，第 1000~1001 页。
② 《马克思恩格斯全集》（第 26 卷），人民出版社，2014，第 772 页。
③ 马克思：《资本论》（第 3 卷），人民出版社，2004，第 928~929 页。
④ 《马克思恩格斯选集》（第 4 卷），人民出版社，2012，第 471 页。

南坡把那些在山北坡得到精心保护的枞树林砍光用尽时，没有预料到，这样一来，他们就把本地区的高山畜牧业的根基毁掉了；他们更没有预料到，他们这样做，竟使山泉在一年中的大部分时间内枯竭了，同时在雨季又使更加凶猛的洪水倾泻到平原上。”[①] 因此，“耕作——如果自发地进行，而不是有意识地加以控制……会导致土地荒芜，像波斯、美索不达米亚等地以及希腊那样”[②]。野蛮、粗暴地对待自然，人类终将自食恶果。

三　马克思主义利益协调思想

在马克思、恩格斯的利益思想中，利益的第一层内涵是物质利益，物质利益是指利益主体对利益客体的需要，物质利益的实现是指利益主体获取利益客体的过程；利益的第二层内涵是与生产力相适应的人与人之间的关系，即人与人的社会利益关系。马克思、恩格斯认为利益均衡是人们为了达到某种均衡目标而对利益主体之间以及利益主体与利益对象之间的关系进行自觉的、有意识的调整的过程，通过利益的调整与重新分配从而使利益关系达到均衡与和谐。利益均衡的对象有两个方面：一是利益主体之间的关系，二是利益主体与利益对象之间的关系。马克思、恩格斯认为，随着生产力的发展、人类历史的进步，后者越来越从属于前者，即利益主体与利益对象的关系从属于利益主体之间的关系。

1. 利益协调的主体

马克思、恩格斯在其思想发展的不同时期，对利益均衡主体的认识是不同的。随着马克思恩格斯思想的发展和成熟，马克思、恩格斯对利益均衡主体的认识也有一个不断深化的过程。首先，理性主义的人与国家。马克思、恩格斯还受黑格尔思想影响时，把利益均衡的主体更多地看作理性主义的人与国家。马克思在其博士论文《德谟克利特的自然哲学与伊壁鸠鲁自然哲学的差别》中从自然的角度阐明个人

① 《马克思恩格斯选集》（第 3 卷），人民出版社，2012，第 998 页。
② 《马克思恩格斯选集》（第 4 卷），人民出版社，2012，第 471 页。

的意志自由和独立的精神，认为自由是人的本质，肯定人的自我意识，抬高人的地位。在1842年10月写的《关于林木盗窃法的辩论》中，马克思把国家和法看作正义、理性的化身，认为国家应当代表全社会的共同利益，认为国家是和私人利益相抵触的，尖锐地揭露了封建贵族和地主阶级对劳动群众的残酷剥削，以及资本主义国家机关和议会为特权阶级服务的本质。其次，现实的个人。马克思、恩格斯在形成科学唯物史观的时期认为利益均衡的主体是“现实的个人”，“人的本质不是单个人所固有的抽象物，在其现实性上，它是一切社会关系的总和”[①]。“现实的个人”具有三个方面的规定：一是“全部人类历史的第一个前提无疑是有生命的个人的存在”[②]，“现实的个人”是“有生命的个人的存在”，已停止了生命活动的人不是“现实的个人”；二是“现实的个人”是从事物质生产活动的、进行物质生产的人，必须不断实现利益对象的有效供给；三是“现实的个人”是社会性的人，是在实践过程中不断变化发展的人。最后，自由而全面发展的人。共产主义社会的利益均衡主体是自由而全面发展的个人。在生产力高度发展和实现普遍交往的共产主义社会里，个人将作为自由全面发展的人存在于联合体中，人摆脱了环境和他人的支配而具有了思想和行为的自由，实现人与人、人与社会、人与自然和谐相处；人不仅在体力、智能方面有所发展，各方面的才能和工作能力也有所发展，而且人的社会联系和社会交往日益紧密和深入。“社会的每一个成员都能完全自由地发展和发挥他的全部才能和力量，并且不会因此而危及这个社会的基本条件。”[③] 此时，人与人之间利益和谐。

2. 利益协调的价值取向

马克思与恩格斯的利益均衡思想是在对资本主义的批判基础上提出的，在资本主义私有制下，资产阶级占有和掌握着生产资料，而工人只

---

① 《马克思恩格斯选集》（第1卷），人民出版社，2012，第135页。

② 《马克思恩格斯选集》（第1卷），人民出版社，2012，第146页。

③ 《马克思恩格斯全集》（第42卷），人民出版社，1979，第373页。

能依靠出卖自己的劳动力生存。“一个除自己的劳动力以外没有任何其他财产的人，在任何社会的和文化的状态中，都不得不为另一些已经成了劳动的物质条件的所有者的人做奴隶。他只有得到他们的允许才能劳动，因而只有得到他们的允许才能生存。”[①] 而且“工人创造的商品越多，他就越变成廉价的商品。物的世界的增值同人的世界的贬值成正比”[②]。“现代的资产阶级私有制是建立在阶级对立上面、建立在一些人对另一些人的剥削上面的产品生产和占有的最后而又最完备的表现。”[③]资本主义发展的结果是资产阶级与无产阶级利益关系的极度紧张和对立。资本主义发展的同时也造成了人与人之间利益关系的极度紧张和对立，每个人都把他人放在与自己对立的位置上，所谓“人对人是狼”。虽然人与人也存在合作关系，但是这种合作是局部的、有限的，是在某种利益一致的基础上的合作，而不是建立在全社会成员根本利益一致的基础上的。

在马克思与恩格斯的共产主义社会里，全体社会成员共同占有和共同控制社会生产资料，共同的生产能力成为社会的共同财富。社会生产完全是为了“实现符合社会全部需要的生产”，人及其需要、人的自由全面发展成了社会经济发展的最高目标。在共产主义社会里，每个人的自由发展是一切人的自由发展的条件，当一个人还存在着对他人进行剥削和支配的关系时，不仅被剥削者和被支配者不能得到自由全面的发展，而且剥削者和支配者也不能得到自由全面的发展，因为人是社会性的人，只要这种人与人的剥削和支配关系存在，即使一个人处于剥削和支配另一个人的地位，他也可能处于被第三个人剥削和支配的地位。因此，一个人如果想要得到自由全面的发展，必须以他人的自由全面发展为前提和条件，反过来，他人的自由全面发展也是这个人的自由全面发展的条件。人与人的自由全面发展是互为前提和条件的，这也就意味着人与人

① 《马克思恩格斯选集》（第3卷），人民出版社，2012，第357~358页。

② 《马克思恩格斯文集》（第1卷），人民出版社，2009，第156页。

③ 《马克思恩格斯选集》（第1卷），人民出版社，2012，第414页。

的利益关系是均衡的、和谐的。

在实现人与人利益关系和谐的基础上，人与自然的关系也将得到彻底的改善。人与自然的关系归根到底是社会问题，是人类在实践过程中结成的人与人的利益关系。马克思认为，在资本主义社会，异化劳动导致了人与人的关系外化，“人同自身和自然界的任何自我异化，都表现在他使自身和自然界跟另一些与他不同的人所发生的关系上”[①]。要消除这种外化，必须消除资本主义社会与人的异化关系，即必须扬弃私有制，建立更高一级的社会形态——共产主义社会。只有到了共产主义社会，“自然界对人来说才是人与人联系的纽带，才是他为别人的存在和别人为他的存在，只有在社会中，自然界才是人自己的人的存在的基础，才是人的现实的生活要素。只有在社会中，人的自然的存在对他来说才是自己的人的存在，并且自然界对他来说才成为人”[②]。自然主义和人道主义得到了完美的结合，真正统一起来，“这种共产主义，作为完成了的自然主义，等于人道主义，而作为完成了的人道主义，等于自然主义，它是人和自然界之间、人和人之间的矛盾的真正解决，是存在和本质、对象化和自我确证、自由和必然、个体和类之间的斗争的真正解决”[③]。

3. 实现利益协调的途径

1845年春，马克思撰写了《关于费尔巴哈的提纲》，制定了科学的实践观，奠定了历史唯物主义的重要基础。1846年，马克思、恩格斯第二次合作，创作了《德意志意识形态》，系统地阐述了历史唯物主义的基本原理，科学地揭示了历史发展的动力，得出了协调人类利益的正确途径。

在《德意志意识形态》中，马克思和恩格斯指出人类社会生活三个最基本的因素：“第一个历史活动就是生产满足这些需要的资料，即生产物质生活本身，而且，这是人们从几千年前直到今天单是为了维持生

① 马克思：《1844年经济学哲学手稿》，人民出版社，2000，第60页。
② 马克思：《1844年经济学哲学手稿》，人民出版社，2000，第83页。
③ 《马克思恩格斯文集》（第1卷），人民出版社，2009，第185页。

活就必须每日每时从事的历史活动，是一切历史的基本条件……第二个事实是，已经得到满足的第一个需要本身、满足需要的活动和已经获得的为满足需要而用的工具又引起新的需要，而这种新的需要的产生是第一个历史活动……第三种关系是：每日都在重新生产自己生命的人们开始生产另外一些人，即繁殖。"[①] 这些历史活动"在历史发展的每一阶段都是与同一时期的生产力的发展相适应的，所以它们的历史同时也是发展着的、由每一个新的一代承受下来的生产力的历史，从而也是个人本身力量发展的历史"[②]。

于是，在人类历史发展过程中就出现了双重利益关系。一方面是利益主体与利益客体的关系，表现为人改造自然的能力，即生产力。生产力的提高意味着利益供给对象结构的优化（量的增加和质的提高）。另一方面是人与人的利益关系，即社会关系。人与人在生产中结成的利益关系是最基础的社会关系。这两个方面的利益关系是密切联系着的，一定的利益主客关系即生产力的发展阶段总是与一定的社会关系即社会发展阶段相联系，或者说，人们所达到的生产力的总和决定着社会状况。由此，人类历史的发展被归结为生产关系的发展，生产关系的发展被归结为生产力的发展，而生产力的发展同时又是生产者本身的发展。在生产中，人与人的利益关系起初是和谐的，在这种利益关系中，人的活动是自主的，个性得到充分发展。随着利益供给对象结构的变化、利益占有者实力的变化，原来和谐的利益关系被打破，需要对利益关系进行调整以适应不断变化的利益供给对象和利益占有者实力。在阐明了这个基本规律之后，就可以得出下述结论："一切历史冲突都根源于生产力和交往形式之间的矛盾。"[③] 因此，马克思主要从生产力、生产关系和上层建筑三个方面提出了缓解和消除利益冲突的根本途径。第一，大力发展生产力。"如果没有这种发展，那就只会有贫穷、极端贫困的普遍化；

---

① 《马克思恩格斯选集》（第 1 卷），人民出版社，2012，第 158~159 页。

② 《马克思恩格斯选集》（第 1 卷），人民出版社，2012，第 204 页。

③ 《马克思恩格斯选集》（第 1 卷），人民出版社，2012，第 196 页。

而在极端贫困的情况下，必须重新开始争取必需品的斗争，全部陈腐污浊的东西又要死灰复燃……”[①] 第二，变革所有制关系，“废除私有制甚至是工业发展必然引起的改造整个社会制度的最简明扼要的概括”[②]。第三，改进分配方式。在共产主义的第一阶段即社会主义社会中只能实行按劳分配，只有在未来共产主义社会的高级阶段，“社会才能在自己的旗帜上写上：各尽所能，按需分配！”[③]。

① 《马克思恩格斯选集》（第1卷），人民出版社，2012，第887页。

② 《马克思恩格斯文集》（第1卷），人民出版社，2009，第683页。

③ 《马克思恩格斯选集》（第3卷），人民出版社，2012，第365页。

第三章　新中国成立以来对城乡环境综合治理的认识与特征分析

1949 年，新中国成立，举国欢庆；1978 年，改革开放的春风吹遍神州大地；进入 21 世纪，中国越发彰显大国风采。城乡环境治理问题就在这样的大背景下变化发展着。任何事物的产生、发展都存在内部适应力和外部推动力。具体到城乡环境治理问题上，包含四对关系（见图 3-1）：从思想角度看，西方环境保护思想的蓬勃兴起和一系列环境运动给中国环境问题带来了极大的外部冲击，也激发了各界对中国传统环境思想的探究与反思；从经济角度看，西方市场经济思维下资本决定一切，然而先污染后治理的代价相当高昂，中国现代化改革的紧迫性也激化了经济发展与环境保护的矛盾，但是中国不能走先污染后治理的老路；从政治角度看，政策的城市偏向性使得“三农”问题越发凸显，农村环境日益恶化；从生态角度看，资源的有限性与使用的过度性，使得城市工业发展陷入瓶颈，留住农村的碧水蓝天的呼声不断，统筹城乡发展的号角已经吹响。在这四对关系的作用下，党和国家对城乡环境综合治理问题的认识经历了从改革开放前未充分意识到其重要性到改革开放后逐渐重视城乡环境综合治理问题的变化。

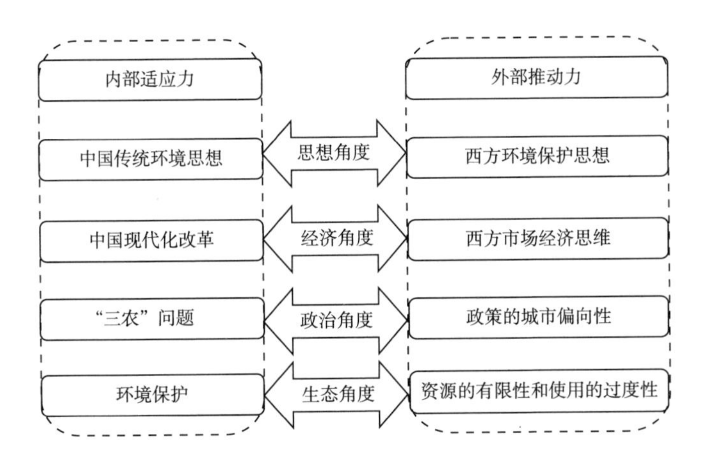

图 3-1　环境治理受力

第一节　新中国成立以来对城乡环境综合治理的认识

一　改革开放前对城乡环境综合治理的认识

1949 年，中华人民共和国的成立标志着中国进入了崭新的时代。中国城乡关系在经历了中华人民共和国成立初期的短暂趋好后，在计划经济制度框架下被逐渐禁锢而走向僵化，城乡差距逐渐扩大。此时，党和国家虽然提出“绿化祖国”的号召，重视城乡环境保护，但由于经济建设的紧迫任务和摆脱落后面貌的急迫心理，改革开放前并没有充分意识到城乡环境综合治理的重要性。

（一）时代背景

1. 国际背景

新中国成立初期，国际上美国对中国采取封锁、敌对的政策，1950

年朝鲜战争爆发，20世纪60年代中印发生边境冲突，1960年中苏关系全面恶化并于1969年发生珍宝岛冲突。与此同时，借助第三次科技革命的浪潮，西方资本主义国家经济迅速恢复发展，进入经济发展的黄金期；社会主义阵营也得到了空前的壮大。

此时，国外环境思想与环境运动也已经蓬勃兴起。1854年亨利·梭罗出版了被誉为19世纪最著名的美国自然主义著作的《瓦尔登湖》，亨利·梭罗强调体验自然与旷野的重要性。1949年出版的奥尔多·利奥波德的《沙乡年鉴》，通过对一个荒弃的沙乡农场的系列追述，阐述了资源保护的重要性，引发了人们关于人和环境关系的美学、伦理学思考。这本书被认为与《瓦尔登湖》占据着同等重要的位置。1962年，蕾切尔·卡逊在其著作《寂静的春天》中描述了工业污染对自然世界的灾难性影响，环境作为一个政治问题走上了历史舞台。该书抨击了西方工业革命带来的环境污染与生态破坏，使人们开始意识到环境与人类生存息息相关，反思自身行为的合理性和传统观念的局限性，由此拉开了环境保护的序幕。1967年林恩·怀特发表了《我们生态危机的历史根源》，对西方社会盛行的人类中心主义展开了批评。1972年“罗马俱乐部”发表了《增长的极限》，提出了人类的困境，即增长是有极限的。同年，人类环境大会在瑞典斯德哥尔摩召开，并通过了著名的《人类环境宣言》。这些论著引起了人们对经济社会发展中产生的生态问题的哲学反思和政治思考，它们是西方“绿色运动”的先驱，它们主要阐述自然环境的重要性，严厉批评人类对生态的严重破坏。但在这一时期，以美国为首的西方资本主义国家对中国采取经济、政治封锁的政策，堵塞了信息流通的渠道，使得中国没有足够的机会与外界交流，导致西方生态环境保护思想此时对中国共产党生态环境思想的影响相当有限。

2. 国内背景

新中国在成立之初是一个生产力水平非常落后的农业大国：农业产量极低、农业产业结构不合理、耕地面积有限、人地矛盾突出；工业产值在工农业产值中所占的比重很低，重工业产值在工业内部所占比重过低，基础设施十分薄弱。这种全面落后、相对封闭的状况给城乡关系的顺利发展带来了巨大困难。此时，环境问题还不突出，且受战争影响，农村环境比城市环境在一定程度上还要好一些。由于刚刚结束战争，再加上建设社会主义新中国的急迫性，国内理论界还无暇顾及环境保护研究，城乡环境治理在理论研究上相对比较薄弱。

（二）中国共产党对城乡环境综合治理的认识

1956年，毛泽东同志在《全国农业发展纲要》里指出："社会主义工业是我国国民经济的领导力量。但是，发展农业在我国社会主义建设中占有极重大的地位。农业用粮食和原料供应工业，同时，有五亿以上人口的农村，给我国工业提供了世界上的最巨大的国内市场。从这些说来，没有我国的农业，便没有我国的工业。忽视农业方面工作的重要性是完全错误的。"[①] 毛泽东同志虽然讲的是农业的重要性，未直接涉及城乡环境综合治理问题，但很明显，良好的农村环境保证良好的农业生产，也就为工业生产提供了保障。此时联合国的环境议题也推动着中国共产党生态思想的形成。1972年联合国人类环境会议召开，此次会议使中国共产党重新认识生态环境的内涵与意义，意识到了当前我国存在的环境问题。虽然这一阶段党和国家对于城乡环境综合治理的认识并不深刻，经济发展的紧迫性也掩盖了城乡环境问题，但中华人民共和国成立后，安定和平的社会局面为生态思想的孕育萌芽奠定了良好的基础，使得党和国家领导人有机会认识到城乡环境问题的重要性。

1. 中央重视农村森林绿化

中国拥有丰富的森林资源，党和国家领导人也认识到了森林绿化的重要性、造林护林工作的艰巨性和持久性。1950年4月14日，在讨论《关于全国林业工作的指示》时，周恩来同志谈道："林业工作为百年工作，我们要一点一点去增加森林，现在为百分之五，梁部长说将来要达

---

① 参见《当代中国农业合作化》编辑室《建国以来农业合作化史料汇编》，中共党史出版社，1992，第464页。

到百分之三十。森林不增加，就不能很好地保持水土，森林对农业有很大的影响。”[①] 1955 年，毛泽东同志在《征询对农业十七条的意见》中提出：“在十二年内，基本上消灭荒地荒山，在一切宅旁、村旁、路旁、水旁，以及荒地上荒山上，即在一切可能的地方，均要按规格种起树来，实行绿化。”[②] 1956 年，在《中共中央致五省（自治区）青年造林大会的贺电》中，毛泽东同志向全国人民发出了“绿化祖国”的号召，后又提出了“大地园林化的任务”。1957 年，国家公布了《一九五六年到一九六七年全国农业发展纲要（修正草案）》，提出：“从一九五六年起，在十二年内，在自然条件许可和人力可能经营的范围内，绿化荒地荒山。在一切宅旁、村旁、路旁、水旁，只要是可能的，都要有计划地种起树来。为此，必须依靠农业合作社造林，实行社种社有的政策。”[③] 1958 年，毛泽东同志提出了“要使我们祖国的河山全部绿化起来，要达到园林化，到处都很美丽，自然面貌要改变过来”[④] 的任务。

2. 中央重视修水利、治水患

中国幅员辽阔，跨纬度较广，气候复杂多样，导致旱灾、洪灾、寒潮、台风等灾害性天气频发，对生产建设和人民生活造成不利影响。新中国成立后，党和国家领导人非常重视修水利、治水患。1950 年夏，淮河再次发生百年不遇的水灾，毛泽东同志发出了“一定要把淮河修好”的号召，治理淮河成为当时中国的一件大事。如何防治洪涝灾害，毛泽东同志提出了自己的想法，他认为治理水患可以通过修建水利工程来实现。在 1955 年的《征询对农业十七条的意见》中，毛泽东同志提出：“同流域规划相结合，大量地兴修小型水利，保证在七年内基本上消灭

① 中共中央文献研究室、国家林业局编《周恩来论林业》，中央文献出版社，1999，第 3 页。

② 《毛泽东文集》（第 6 卷），人民出版社，1999，第 509 页。

③ 中共中央文献研究室编《建国以来重要文献选编》（第 10 册），中央文献出版社，1994，第 646 页。

④ 中共中央文献研究室、国家林业局编《毛泽东论林业》（新编本），中央文献出版社，2003，第51 页。

普通的水灾旱灾。”[①] 在 1956 年，国家公布了《一九五六年到一九六七年全国农业发展纲要（草案）》，明确指出：“一切小型水利工程（例如打井、开渠、挖塘、筑坝等等）、小河的治理和各种水土保持工作，都由地方和农业生产合作社负责有计划地大量地办理。通过上述这些工作，结合国家大型水利工程的建设和大、中河流的治理，要求从 1956 年开始，在 7 年至 12 年内，基本上消灭普通的水灾和旱灾。机械制造部门和商业、供销合作部门，应当做好抽水机、水车、锅驼机等提水设备的供应工作。”[②] 在党中央和国家治理理论的指导下，各项具体的环境政策纷纷出台。就是在这样的背景下，1957 年三门峡水利枢纽工程开工，1970 年葛洲坝水利枢纽工程破土，这在一定程度上缓解了我国洪涝灾害带来的威胁。在治理洪涝灾害的过程中，党和国家领导人也逐渐意识到，过去山林长期遭受破坏和无计划地在陡坡开荒，使很多山区失去涵蓄雨水的能力，这种现象是河道淤塞和洪水为灾的主要原因[③]，意识到治理水患的根本办法是保护环境。

3. 第一次全国环境保护会议和“32 字方针”

20 世纪 60 年代末 70 年代初，环境污染问题也在中国出现，以“废水、废气、废渣”为主要表现形式。党和国家领导人意识到了环境污染问题的存在，在 1973 年 8 月 5 日至 20 日召开第一次全国环境保护会议，直面我国当时存在的各类环境污染问题，分析国家环境保护现状。会议讨论通过了《关于保护和改善环境的若干规定》，这是我国第一个环境保护文件。会议还提出环境保护的“32 字方针”，即“全面规划，合理布局，综合利用，化害为利，依靠群众，大家动手，保护环境，造福人民”。1973 年 11 月 17 日，我国颁布了第一个环境保护标准，即《工业“三废”排放试行标准》（GBJ4—73），从排放具体物质和排放量两方

① 《毛泽东文集》（第 6 卷），人民出版社，1999，第 509 页。

② 中共中央文献研究室编《建国以来重要文献选编》（第 8 册），中央文献出版社，1994，第 51 页。

③ 中共中央文献研究室、国家林业局编《周恩来论林业》，中央文献出版社，1999，第 41～42 页。

面，对废水、废气、固体废弃物的排放进行了规定，自此，工业“三废”的排放有法可依。此时，党和国家领导人已经意识到环境污染的治理问题，从国家政策层面提出环境保护问题，推动着中国环境保护事业步入正轨。

4. 第一个环境保护专门机构

全国第一次环境保护会议后，成立专门的环境保护机构成为国务院的一件大事。国务院在“国发〔1973〕158号”文的批示中提出：“各地区、各部门要设立精干的环境保护机构，给他们以监督、检查的职权。”1974年10月25日，由国家计委及工业、农业、交通、水利、卫生等有关部委领导人组成的中国的第一个环保机构——国务院环境保护领导小组正式成立，余秋里任组长，谷牧任副组长。设立国务院环境保护领导小组办公室作为执行机构，其主要职责是进行环境污染调查、走访，开展环境治理宣传教育工作，制定环境保护的政策和规章，如《关于环境保护的十年规划意见》。此后，从省到市再到县一级也相继建立起了环境保护机构。从中央到地方的环境保护机构的设立，一方面保证了环境事务有专门化、专业机构处理；另一方面保证了政令畅通和自上而下的贯彻执行。

总而言之，中国共产党的城乡环境思想是在国内外因素交互作用下形成的。特别是新中国成立初期的三十年，百废待兴，中国共产党虽然不能完整地、系统地认识城乡环境综合治理的重要性，但从党和国家领导人对发展林业与建设水利的重视、召开第一届全国环境会议、设立环境保护机构种种表现可以看出，党和国家领导人对保护城乡环境的重要性有了初步认识。关于城乡环境综合治理的思想也散落在环境保护政策文件中，虽然没有明确提出“城乡环境综合治理”这一概念，对城乡环境综合治理问题也没有充分的认识，对环境的治理和保护也还没有形成系统性方案，但这些环境政策在很大程度上还是反映了1949~1978年党和国家领导人对于环境治理、城乡环境保护的认知水平，对于人与自然关系的认知水平，这是中国共产党环境保护思想的萌芽，也是中国共产党城乡环境综合治理形成的起点。

二　改革开放后对城乡环境综合治理的认识

改革开放以后，经济发展突飞猛进，环境问题日益突出，党中央和国务院也越来越重视城乡环境保护。从将环境保护确定为基本国策到提出“坚持经济建设、城乡建设与环境建设同步规划、同步实施、同步发展”，从“可持续发展观”到“统筹城乡发展”，从“建设社会主义新农村”到坚持“科学发展观”，从提出生态文明建设到提出协调发展战略和绿色发展战略，等等，这一系列理论政策吹响了城乡发展的号角，也使得城乡环境综合治理的愿景不再是空中楼阁。

（一）时代背景

1. 国际背景

1978 年以来，国际局势变幻莫测。20 世纪末，东欧剧变、苏联解体、欧洲联盟建立、科索沃战争爆发，国际环境动荡不安。但第三次科技革命却给欧洲各国及美国、日本等国的经济发展带来了强大动力。进入 21 世纪，发源于美国的次贷危机波及全球，致使全球经济复苏乏力、大国博弈加深。

虽然国际局势变幻莫测，但环境正义运动也悄然兴起。1982 年，美国爆发了一场以有色人种为主反对有毒垃圾填埋场建设的环境正义运动。国际自然资源保护同盟在 1980 年起草了《世界自然保护大纲》，在 1982 年起草了《世界自然宪章》，提出代际的福利是当代人的社会责任，当代人应限制不可更新资源的消费，并把这种消费维持在仅仅满足社会的基本需要的水平上，同时还要对可更新资源进行保护，确保持续的生产能力。[1] 1987 年，联合国环境特别委员会第八次会议在日本东京召开，这次会议通过了《我们共同的未来》，并第一次提出

① 黄乾:《论代内公平与代际公平》,《南方人口》2001 年第 2 期。

“可持续发展”[①] 一词，认为发展就是既要满足当代人的需要，又不能损害后代人的需要。1989 年，联合国环境署理事会通过了《关于可持续发展的声明》。1991 年 10 月，美国首届有色人种环境领袖会议在华盛顿召开，此次会议通过的《环境正义原则》提出了实现环境正义应遵循的 17 项原则。

进入 21 世纪，环境保护研究领域也进一步拓展，并被广泛介绍到中国。美国学者彼得 · S. 温茨的《环境正义论》，澳大利亚学者德赖泽克的《地球政治学：环境话语》，英国学者佩珀的《生态社会主义：从深生态学到社会正义》、伊懋可的《大象的退却：一部中国环境史》、庞廷的《绿色世界史：环境与伟大文明的衰落》及世界资源研究所的《生态系统与人类福祉：生物多样性综合报告 · 千年生态系统评估》等论著陆续被翻译引入中国，环境保护成为各国关注的主题。1992 年 5 月，《联合国气候变化框架公约》（以下简称《公约》）在联合国纽约总部通过，同年 6 月在巴西里约热内卢举行的联合国环境与发展大会期间正式开放签署。《公约》的最终目标是“将大气中温室气体的浓度稳定在防止气候系统受到危险的人为干扰的水平上”。1994 年 3 月 21 日，《公约》生效。1995 年以来，《公约》缔约方大会每年召开一次（见表3-1），其目的便是保护地球环境。由此，环境公平的观念在全球范围内得以迅速传播，中国学界也开始了国内环境公平与正义问题的研究。

① 可持续发展思想所关注的实际上就是代际公平。而根据学者们的研究，代际公平的概念最早则是由美国学者爱迪 · B. 魏伊丝 1984 年在一篇题为《行星托管：自然保护与代际公平》的论文中提出的。在这篇论文中她提出了“行星托管”的概念，认为人类的每一代人都是后代人地球权益的托管人，必须实现每代人之间在开发利用和保护自然资源方面平等的机会和权利。1989 年，爱迪 · B. 魏伊丝在《公平地对待未来：国际法、共同遗产与世代间衡平》一书中系统阐述了代际公平理念，并且提出了代际公平的三项基本原则，即保存选择原则、保存质量原则、保存接触和使用原则。

表 3-1　历届《联合国气候变化框架公约》缔约方大会一览

序号	时间	地点	会议内容
1	1995 年 3 月	德国柏林	通过工业化国家和发展中国家《共同履行公约的决定》
2	1996 年 7 月	瑞士日内瓦	争取通过法律减少工业化国家的温室气体排放量
3	1997 年 12 月	日本京都	通过《京都议定书》
4	1998 年 11 月	阿根廷 布宜诺斯艾利斯	制订并落实《京都议定书》的工作计划
5	1999 年 10 月	德国波恩	通过《京都议定书》时间表
6	2000 年 11 月	荷兰海牙	会议陷入僵局
7	2001 年 10 月	摩洛哥马拉喀什	形成马拉喀什协议文件
8	2002 年 10 月	印度新德里	通过《德里宣言》
9	2003 年 12 月	意大利米兰	通过约 20 条具有法律约束力的环保决议
10	2004 年 12 月	阿根廷 布宜诺斯艾利斯	讨论《联合国气候变化框架公约》生效 10 周年来取得的成就和未来面临的挑战等重要问题
11	2005 年 11 月	加拿大 蒙特利尔	通过双轨路线的“蒙特利尔路线图”
12	2006 年 11 月	肯尼亚内罗毕	达成“内罗毕工作计划”等几十项决定；在管理“适应基金”的问题上达成一致
13	2007 年 12 月	印度尼西亚 巴厘岛	通过了“巴厘岛路线图”
14	2008 年 12 月	波兰波兹南	正式启动 2009 年气候谈判进程
15	2009 年 12 月	丹麦哥本哈根	发表《哥本哈根协议》
16	2010 年 11 月	墨西哥坎昆	确保 2011 年谈判按照“巴厘岛路线图”的双轨方式进行
17	2011 年 11 月	南非德班	启动“绿色气候基金”；续签《京都议定书》第二承诺期的谈判
18	2012 年 11 月	卡塔尔多哈	通过《多哈修正》
19	2013 年 11 月	波兰华沙	会议通过了德班平台、资金、损失损害补偿机制一揽子决议
20	2014 年 12 月	秘鲁利马	就 2015 年巴黎大会协议草案的要素基本达成一致
21	2015 年 11 月	法国巴黎	通过《巴黎协定》
22	2018 年 12 月	波兰卡托维兹	商讨如何遏制全球变暖、应对气候变化
23	2019 年 12 月	西班牙马德里	降低温室气体排放力度等

资料来源：根据人民网、新华网等网络材料整理。

2. 国内背景

改革开放后中国经济跨上了新台阶。到 2007 年，国内生产总值达到 24.66 万亿元，比 2002 年增长 65.5%，年均增长 10.6%，从世界第六位上升到第四位；全国财政收入达到 5.13 万亿元，增长 1.71 倍；外汇储备超过 1.52 万亿美元。① 2009 年国内生产总值比 2008 年增长了 8.7%，达到 33.5 万亿元；财政收入达 6.85 万亿元，增长 11.7%；粮食产量达 53082 万吨，再创历史新高，实现连续 6 年增产；城镇新增就业人数为 1102 万人；城镇居民人均可支配收入为 17175 元，农村居民人均纯收入为 5153 元，实际增长分别为 9.8%和 8.5%。② 2014 年，我国经济社会发展总体平稳，稳中有进。全年国内生产总值为 636463 亿元，比 2013 年增长 7.4%。其中，第一产业增加值为 58332 亿元，增长 4.1%；第二产业增加值为 271392 亿元，增长 7.3%；第三产业增加值为 306739 亿元，增长 8.1%。第一产业增加值占国内生产总值的比重为 9.2%，第二产业增加值的比重为 42.6%，第三产业增加值的比重为 48.2%。③

2019 年，国内外风险挑战明显增多，党和国家提出稳中求进的工作总基调、新发展理念，以供给侧结构性改革为主线，打好三大攻坚战，稳增长、促改革、调结构、惠民生、防风险、保稳定，经济运行总体平稳。2019 年全年国内生产总值为 990865 亿元，比上年增长 6.1%（见图 3-2）。其中，第一产业增加值为 70467 亿元，增长 3.1%；第二产业增加值为 386165 亿元，增长 5.7%；第三产业增加值为 534233 亿元，增长 6.9%。第一产业增加值占国内生产总值的比重为 7.1%，第二产业增

---

① 《2008 年国务院政府工作报告》，2009 年 3 月 16 日，中华人民共和国中央人民政府官网，http://www.gov.cn/test/2009-03/16/content_1260198.htm，最后访问日期：2020 年 9 月 15 日。

② 《2010 年国务院政府工作报告》，2010 年 3 月 15 日，国务院新闻办公室门户网站，http://www.scio.gov.cn/xwfbh/xwbfbh/wqfbh/2015/20150305/xgbd32605/Document/1395827/1395827.htm，最后访问日期：2020 年 9 月 15 日。

③ 中华人民共和国国家统计局：《2014 年国民经济和社会发展统计公报》，2015 年 2 月 26 日，中华人民共和国国家统计局官网，http://www.stats.gov.cn/tjsj/zxfb/201502/t20150226_685799.html，最后访问日期：2020 年 9 月 15 日。

加值的比重为39.0%，第三产业增加值的比重为53.9%。[①] 在经济不断跃上新台阶的同时，党和政府也更加重视资源节约和环境保护，统筹城乡环境保护。

图3-2　2015~2019年国内生产总值及其增长速度

资料来源：中华人民共和国国家统计局：《中华人民共和国2019年国民经济和社会发展统计公报》，2020年2月28日，中华人民共和国国家统计局官网，http：//www.stats.gov.cn/tjsj/zxfb/202002/t20200228_1728913.html，最后访问日期：2020年9月15日。

（二）中国共产党对城乡环境综合治理的认识

改革开放以来，中国共产党对如何保护环境、如何合理利用自然资源、如何保护城乡环境的认识水平不断提升，将环境保护确定为基本国策，提出“三同步”、可持续发展、生态文明建设、协调发展与绿色发展战略。在这一阶段，党和国家领导人对环境认识逐步深入，从人与自然、人与人的层面上思考环境问题，将实现人与自然的和谐、人与人的和谐纳入社会主义建设目标中。

1. 将环境保护确立为基本国策

1978年颁布的《中华人民共和国宪法》（以下简称《宪法》）就已

① 中华人民共和国国家统计局：《中华人民共和国2019年国民经济和社会发展统计公报》，2020年2月28日，中华人民共和国国家统计局官网，http：//www.stats.gov.cn/tjsj/zxfb/202002/t20200228_1728913.html，最后访问日期：2020年9月15日。

经提到了环境保护和防治环境污染的问题。1978 年《宪法》第 11 条规定，“国家保护环境和自然资源，防治污染及其他公害”[①]，把环境保护列入了国家根本大法。1978 年，在中共中央工作会议闭幕式上，邓小平同志强调要加强环境法制建设，制定环境保护法、森林法、草原法等规范性文件，使环境保护有法可依。1978 年 12 月 31 日，中共中央在批转《环境保护工作汇报要点》的通知中指出，“消除污染，保护环境，是进行经济建设、实现四个现代化的一个重要组成部分”，并提出“要制定消除污染、保护环境的法规”[②]。

1979 年 9 月，我国出台了第一部综合性的环境保护基本法——《中华人民共和国环境保护法（试行）》，这是环境保护法制化至关重要的一步，破解了长期以来环境保护无法可依、无法可循的困窘，从而也确立了环境保护法作为我国一个独立法律的地位。在此之后，国家又陆续颁布了多项重要的环境保护法规，如《中华人民共和国水产资源繁殖保护条例》，逐步构建起我国环境保护法律体系。

1981 年 2 月，《国务院关于在国民经济调整时期加强环境保护工作的决定》中明确指出：“环境和自然资源，是人民赖以生存的基本条件，是发展生产、繁荣经济的物质源泉。管理好我国的环境，合理地开发和利用自然资源，是现代化建设的一项基本任务。”[③] 此时，党和国家领导人已经意识到保护自然环境、保护生态资源的重要性。

1983 年 12 月，第二次全国环境保护会议召开，本次会议将保护环境确立为我国必须长期坚持的一项基本国策。会议还提出了“一个指导方针”、“三个同步”和“三大政策”：“一个指导方针”即实现经济效益、社会效益、环境效益相统一；“三个同步”即经济建设、城乡建设

---

① 《中华人民共和国宪法》，1978 年，法律图书馆官网，http：//www. law-lib. com/law/law_view. asp？ id = 343217，最后访问日期：2020 年 9 月 15 日。

② 国家环境保护总局、中共中央文献研究室编《新时期环境保护重要文献选编》，中央文献出版社、中国环境科学出版社，2001，第 2 页。

③ 国家环境保护总局、中共中央文献研究室编《新时期环境保护重要文献选编》，中央文献出版社、中国环境科学出版社，2001，第 20 页。

和环境建设同步规划、同步实施、同步发展；“三大政策”即“预防为主，防治结合”、“谁污染，谁治理”和“强化环境管理”。会议将环境保护工作确定为一项长期坚持的基本国策，意味着中国共产党的环境认知水平有了很大的提升，对环境保护的认识不再停留在“有了污染再治理”“环境保护就是建公园”的逻辑层面上，而是上升到国家大政方针政策的层面上，强调环境保护在经济社会发展中的重要作用。

1986 年 3 月，《中共中央、国务院关于加强土地管理、制止乱占耕地的通知》发布，指出：“十分珍惜和合理利用每寸土地，切实保护耕地，是我国必须长期坚持的一项基本国策。”[①] 1986 年，保护耕地也被作为一项基本国策确立下来，中国共产党已经意识到土地资源的有限性，已经意识到耕地对于民族存亡、国家存亡的特殊意义，不允许任何人以任何名义破坏耕地。

2. 经济发展与环境保护息息相关

中国共产党已开始关注经济的快速发展给环境带来的巨大的破坏作用，意识到粗放型的经济发展模式并不可取。1987 年，党的十三大报告指出我们所面临的矛盾焦点是经济活动效益低，高投入、低产出、重复性建设严重，生产活动表现出粗放型特征。因此要保证国民经济的快速健康发展，必须转变生产理念，“就是要从粗放经营为主逐步转上集约经营为主的轨道”，通过科技进步和提高劳动者素质，降低物质消耗，提高资源利用效率，全面提高经济效益，如果还是一味靠消耗大量资源来发展经济，“是没有出路的”[②]。因此，“人口控制、环境保护和生态平衡是关系经济和社会发展全局的重要问题”[③]。此时环境问题并未被单列出来，未与经济、政治、文化等放到同等重要的位置上，仅仅作为经济增长的不良后果而被重视，但党和国家领导人已经开始认识到经济发展

① 中共中央文献研究室、国务院发展研究中心编《新时期农业和农村工作重要文献选编》，中央文献出版社，1992，第 394 页。

② 刘建伟：《新中国成立后中国共产党认识和解决环境问题研究》，人民出版社，2017，第 133～134 页。

③ 中共中央文献研究室编《十三大以来重要文献选编》（上），人民出版社，1991，第 24 页。

与环境之间的辩证关系，认为经济和社会发展的目标应该是人口增长、经济发展与环境保护的和谐。

1989年5月，第三次全国环境保护会议召开，李鹏同志在会议上谈道："良好的生态环境，是经济发展的基础条件。如果这个基础条件破坏了，环境污染了，生态恶化了，不仅影响经济的发展，也影响社会的安定。"① 这时中国共产党已经逐渐意识到生态环境的好坏不仅影响到经济能否持续发展、社会能否繁荣，而且影响到社会能否实现安定团结。

1994年2月，江泽民同志在与参加《中国21世纪议程》高级国际圆桌会议部分国外代表的谈话中指出："我们进一步认识到了环境与发展的关系。在经济快速发展的进程中，一定要注意协调发展的问题，注意处理好人口、资源、环境与经济、社会发展的关系。"② 1995年9月，江泽民同志在中共十四届五中全会闭幕式的讲话中谈道："要把控制人口、节约资源、保护环境放到重要位置，使人口增长与社会生产力发展相适应，使经济建设与资源、环境相协调，实现良性循环。"③

3. 经济建设、城乡建设与环境建设同步规划、同步实施、同步发展

1979年9月28日，中国共产党第十一届中央委员会第四次全体会议通过的《中共中央关于加快农业发展若干问题的决定》指出："广积农家肥，多种绿肥，多制饼肥和其他有机肥，积极扩大秸秆还田。增产化肥，要努力使氮、磷、钾保持合理的比例。各种农药、除草剂和农用塑料制品也要大幅度地增产。要广泛推行科学施肥、科学用药，充分发挥化肥和农药的效能，认真研究防治化肥、农药对作物、水面、环境造成污染的有效方法，并且积极推广生物防治。"④ 这是中国共产党第一次在

① 国家环境保护局编《第三次全国环境保护会议文件汇编》，中国环境科学出版社，1989，第10页。

② 参见《中国21世纪议程——中国21世纪人口、环境与发展白皮书》，中国环境科学出版社，1994。

③ 《江泽民文选》（第1卷），人民出版社，2006，第463页。

④ 中共中央文献研究室、国务院发展研究中心编《新时期农业和农村工作重要文献选编》，中央文献出版社，1992，第36页。

全会报告中论及农业生产过程中化肥、农药的使用问题以及使用化肥、农药带来的环境污染问题，说明党中央已经认识到科学使用化肥、农药的重要性，认识到过量使用化肥、农药将会影响农作物的品质，将会污染水源和土壤。

环境问题的日益凸显使中国共产党反思盲目追求经济增长所引起的环境问题，认识到了经济发展质量、经济发展结构优化、集约型经济的重要性，认识到经济发展要走可持续发展的道路，认识到经济发展要处理好与环境保护的关系。1992 年，中国共产党召开第十四次全国代表大会，环境治理和保护被作为 20 世纪 90 年代改革和建设的主要任务提了出来。“认真执行控制人口增长和加强环境保护的基本国策。……要增强全民族的环境意识，保护和合理利用土地、矿藏、森林、水等自然资源，努力改善生态环境。”① 这意味着中国共产党已经将环境问题提到了与经济、政治、文化等问题相当的地位，高度重视环境问题。以这次会议精神为指导，在中国共产党第八届全国人民代表大会第四次会议上通过的《关于国民经济和社会发展“九五”计划和 2010 年远景目标纲要的报告》中，环境保护主题以单独一个段落的形式出现：“加强环境、生态保护，合理开发利用资源。这是功在当代、泽及子孙的大事。我国人均耕地、水、森林和不少矿产资源都低于世界人均水平，又处在迅速推进工业化的发展阶段，加上粗放的生产经营方式，资源浪费和环境污染相当严重。随着人口增加和经济发展，这个问题可能更加突出。要依法大力保护并合理开发利用土地、水、森林、草原、矿产和生物等自然资源，千方百计减少浪费。积极开发海洋资源。尽快完善自然资源有偿使用制度和价格体系，建立资源更新的经济补偿机制。坚持经济建设、城乡建设与环境建设同步规划、同步实施、同步发展，所有建设项目都要符合环境保护的要求。各级政府都要依法严格管理环境，特别要加强对工业污染的控制和治理，以及城市环境的整治。积极发展生态农业，

---

① 《中国共产党第十四次全国代表大会文件汇编》，人民出版社，1992，第 38~39 页。

加快水土流失地区的综合治理，加强草原建设和防沙治沙，控制农田污染和水污染，努力改善生态环境。”[①] 中国共产党不仅认识到环境保护的重要性，也逐渐意识到城乡环境综合治理的重要性。

4. 可持续发展战略

1995 年 9 月，江泽民同志在《正确处理社会主义现代化建设中的若干重大关系》中明确指出：“在现代化建设中，必须把实现可持续发展作为一个重大战略。”[②] 1996 年，江泽民同志对可持续发展做了进一步的解释：“就是既要考虑当前发展的需要，又要考虑未来发展的需要，不要以牺牲后代人的利益为代价来满足当代人的利益。”[③]

1997 年，党的十五大报告指出：“我国是人口众多、资源相对不足的国家，在现代化建设中必须实施可持续发展战略。坚持计划生育和保护环境的基本国策，正确处理经济发展同人口、资源、环境的关系。”[④] 同时，提出解决环境问题的措施：“首先，在资源开发和节约的优先次序上，摒弃了十二大报告所提出的开发与节约并举的方针，坚持把节约放在首位，同时要求提高资源利用效率，从源头减少资源的投入量；其次，要求认真贯彻环境治理和保护制度，严格执行保护土地、水、森林、矿产、海洋等资源的法律法规，实施有利于资源合理开发利用和整治保护的各项管理措施；最后，提出加强环境污染的治理，强调要植树种草，搞好水土保持，防止沙漠化。”[⑤]

2002 年，党的十六大报告强调：“可持续发展能力不断增强，生态环境得到改善，资源利用效率显著提高，促进人与自然的和谐，推动整

① 全国人民代表大会常务委员会办公厅编《中华人民共和国第八届全国人民代表大会第四次会议文件汇编》，人民出版社，1996，第 27~28 页。

② 《江泽民文选》（第 1 卷），人民出版社，2006，第 463 页。

③ 《江泽民文选》（第 1 卷），人民出版社，2006，第 518 页。

④ 《江泽民文选》（第 2 卷），人民出版社，2006，第 26 页。

⑤ 刘建伟：《新中国成立后中国共产党认识和解决环境问题研究》，人民出版社，2017，第 188~189 页。

个社会走上生产发展、生活富裕、生态良好的文明发展道路。”①

5. 坚持科学发展观，促进城乡区域协调发展

2003 年 8 月底 9 月初，胡锦涛同志在江西考察时提出“要牢固树立协调发展、全面发展、可持续发展的科学发展观”。这是胡锦涛同志第一次公开使用“科学发展观”这个概念。2007 年 6 月，胡锦涛同志在中央党校举办的省部级干部进修班上对科学发展观的内涵做了明确界定，他指出：“科学发展观，第一要义是发展，核心是以人为本，基本要求是全面协调可持续，根本方法是统筹兼顾。”② 这是科学发展观首次被简洁、凝练、全面地表达出来。科学发展观是我国建设发展的新理念，它的提出为环境保护和生态建设提供了新的理论视野，更为处理好城乡环境利益问题提供了政策保障。科学发展观的第一要义是“发展”。我国还处于社会主义初级阶段，社会主义的基本矛盾还没有解决，发展是至关重要的，但中国特色社会主义的发展不是不计环境代价的破坏式发展，不是厚此薄彼的发展，而是城乡经济社会和环境又好又快的发展。科学发展观的基本要求是“全面协调可持续”。“全面”是指发展要有全面性、整体性，是政治、经济、文化、社会、生态全方位的发展；“协调”是指发展要有协调性，要统筹，东部与西部，城市与乡村，经济、人口与资源环境协调发展；“可持续”是指发展要有持久性、连续性，不仅当前要发展，而且要保证长远发展。全面协调可持续发展是有效抵制制约我国发展的各种因素的重要手段。

2005 年 10 月 11 日，中国共产党第十六届中央委员会第五次全体会议通过的《中共中央关于制定国民经济和社会发展第十一个五年规划的建议》强调，“必须促进城乡区域协调发展。全面建设小康社会的难点在农村和西部地区。要从社会主义现代化建设全局出发，统筹城乡区域

① 中共中央文献研究室编《十六大以来重要文献选编》（上），中央文献出版社，2005，第 15 页。

② 《胡锦涛总书记在同团中央新一届领导班子成员和团十六大部分代表座谈时的重要讲话学习读本》，人民出版社，2008，第 37 页。

发展。坚持把解决好‘三农’问题作为全党工作的重中之重，实行工业反哺农业、城市支持农村，推进社会主义新农村建设，促进城镇化健康发展。落实区域发展总体战略，形成东中西优势互补、良性互动的区域协调发展机制”[①]，强调“积极推进城乡统筹发展。建设社会主义新农村是我国现代化进程中的重大历史任务。要按照生产发展、生活宽裕、乡风文明、村容整洁、管理民主的要求，坚持从各地实际出发，尊重农民意愿，扎实稳步推进新农村建设……搞好乡村建设规划，节约和集约使用土地”[②]。它还强调大力发展循环经济、加大环境保护力度、切实保护好自然生态。此时，中国共产党已经认识到城乡统筹发展不仅是经济的统筹发展，还包括城乡环境利益的协调发展及城乡环境的统筹发展。

6. 建设“生态文明”

2007年，党的十七大报告把“建设生态文明，基本形成节约能源资源和保护生态环境的产业结构、增长方式、消费模式”[③] 提到了发展战略的高度，要求到2020年全面建设小康社会目标实现之时，使我国成为生态环境良好的国家。这是党中央首次把“建设生态文明”写入党代会的政治报告，是建设和谐社会理念在生态与经济发展中的升华，不仅对我国经济增长方式转变具有重大而深远的影响，而且对维护全球生态安全具有重要意义。十七大以来，党中央和国务院出台了一系列重大决策部署，在生态保护、发展循环经济、优化能源结构、降低能耗、减少污染物排放诸方面采取了重要措施，取得了显著成效。

党的十七届三中全会提出将“生态文明建设”列入农村改革发展必须遵循的五大原则之一，强调：“我国总体上已进入以工促农、以城带乡的发展阶段，进入加快改造传统农业、走中国特色农业现代化道路的关键时刻，进入着力破除城乡二元结构、形成城乡经济社会发展一体化

① 中共中央文献研究室编《十六大以来重要文献选编》（中），中央文献出版社，2006，第1064页。

② 中共中央文献研究室编《十六大以来重要文献选编》（中），中央文献出版社，2006，第1066页。

③ 《中国共产党第十七次全国代表大会文件汇编》，人民出版社，2007，第20页。

新格局的重要时期。"[①] 这对于解决农村环境问题、提升农村居民环境权主体地位是很好的契机。中国共产党进一步认识到了城乡改革发展中生态文明建设也是举足轻重的。

7. 推动城乡发展一体化

2012 年，党的十八大报告指出："资源节约型、环境友好型社会建设取得重大进展。主体功能区布局基本形成，资源循环利用体系初步建立。单位国内生产总值能源消耗和二氧化碳排放大幅下降，主要污染物排放总量显著减少。森林覆盖率提高，生态系统稳定性增强，人居环境明显改善。"[②] "推动城乡发展一体化。解决好农业农村农民问题是全党工作重中之重，城乡发展一体化是解决'三农'问题的根本途径。要加大统筹城乡发展力度，增强农村发展活力，逐步缩小城乡差距，促进城乡共同繁荣。"[③] "加快完善城乡发展一体化体制机制，着力在城乡规划、基础设施、公共服务等方面推进一体化，促进城乡要素平等交换和公共资源均衡配置，形成以工促农、以城带乡、工农互惠、城乡一体的新型工农、城乡关系。"[④] "国土是生态文明建设的空间载体，必须珍惜每一寸国土。要按照人口资源环境相均衡、经济社会生态效益相统一的原则，控制开发强度，调整空间结构，促进生产空间集约高效、生活空间宜居适度、生态空间山清水秀，给自然留下更多修复空间，给农业留下更多良田，给子孙后代留下天蓝、地绿、水净的美好家园。加快实施主体功能区战略，推动各地区严格按照主体功能定位发展，构建科学合理的城市化格局、农业发展格局、生态安全格局。"[⑤] 城乡发展一体化不仅包括城乡经济、政治、文化一体化，还包括城乡环境一体化。城乡环境一体化建设离不开城乡环境综合治理的实现。

---

① 《中国共产党第十七届中央委员会第三次全体会议文件汇编》，人民出版社，2008，第 6 页。

② 《中国共产党第十八次全国代表大会文件汇编》，人民出版社，2012，第 17 页。

③ 《中国共产党第十八次全国代表大会文件汇编》，人民出版社，2012，第 21 页。

④ 《中国共产党第十八次全国代表大会文件汇编》，人民出版社，2012，第 22 页。

⑤ 《中国共产党第十八次全国代表大会文件汇编》，人民出版社，2012，第 36 页。

8. 加强城乡规划，加快美丽乡村建设

2015年5月，《中共中央　国务院关于加快推进生态文明建设的意见》（以下简称《意见》）出台，这是中国共产党在十八大和十八届三中、四中全会对生态文明建设做出顶层设计后，又一次对生态文明建设进行高屋建瓴式的全面部署。

加强城乡规划。《意见》指出要进一步优化国土空间开发格局，优化城乡结构和空间布局，适当增加生活空间、生态用地，保护和扩大绿地、水域、湿地等生态空间。控制城市空间规模，防止过度扩张，构建平衡适宜的城乡建设空间体系，促使生产力和人口分布更加合理。[①]《意见》还指出推进绿色城镇化建设，要根据城镇资源环境承载能力，尊重自然格局，合理布局城镇各类空间，保持城镇特色风貌。“推动城镇化发展由外延扩张式向内涵提升式转变”。绿色城镇化建设必须树立节能理念，“发展绿色建筑和低碳、便捷的交通体系，推进绿色生态城区建设，提高城镇供排水、防涝、雨水收集利用、供热、供气、环境等基础设施建设水平”。“加强城乡规划‘三区四线’（禁建区、限建区和适建区，绿线、蓝线、紫线和黄线）管理，维护城乡规划的权威性、严肃性，杜绝大拆大建。”严格落实《国家新型城镇化规划（2014~2020年）》。[②]

加快美丽乡村建设。“完善县域村庄规划，强化规划的科学性和约束力。加强农村基础设施建设，强化山水林田路综合治理……支持农村环境集中连片整治，开展农村垃圾专项治理，加大农村污水处理和改厕力度。”“加快转变农业发展方式，推进农业结构调整，大力发展农业循环经济，治理农业污染，提升农产品质量安全水平……在保护生态环境的前提下，加快发展乡村旅游休闲业。引导农民在房前屋后、道路两旁植树护绿。加强农村精神文明建设，以环境整治和民风建设为重点，扎实推进文明村镇创建。”[③]“加强农业面源污染防治，加大种养业特别是

① 《中共中央　国务院关于加快推进生态文明建设的意见》，人民出版社，2015，第6页。
② 《中共中央　国务院关于加快推进生态文明建设的意见》，人民出版社，2015，第6~7页。
③ 《中共中央　国务院关于加快推进生态文明建设的意见》，人民出版社，2015，第7~8页。

规模化畜禽养殖污染防治力度，科学施用化肥、农药，推广节能环保型炉灶，净化农产品产地和农村居民生活环境。加大城乡环境综合整治力度。推进重金属污染治理。开展矿山地质环境恢复和综合治理，推进尾矿安全、环保存放，妥善处理处置矿渣等大宗固体废物。”①

9. 统一城乡环境治理体系

2015 年 9 月 11 日，中共中央政治局召开会议，审议通过了《生态文明体制改革总体方案》（下简称《方案》）。《方案》指出：“坚持城乡环境治理体系统一，继续加强城市环境保护和工业污染防治，加大生态环境保护工作对农村地区的覆盖，建立健全农村环境治理体制机制，加大对农村污染防治设施建设和资金投入力度。”② “建立和完善严格监管所有污染物排放的环境保护管理制度，将分散在各部门的环境保护职责调整到一个部门，逐步实行城乡环境保护工作由一个部门进行统一监管和行政执法的体制。”③ 实现城乡环境综合治理已经成为统筹城乡工作的核心内容之一。农村在经济发展中处于弱势地位，因此，协调城乡环境利益在一定程度上要将重点放在农村，既要加大农村环境基础设施建设力度，在农村大量兴建固体废物与污水无害处理设施，也要保证农村居民在环境管理中的参与权和决策权，努力在最大程度上加大农村环境利益保护力度。

10. 协调发展战略和绿色发展战略

2015 年 10 月 29 日，中国共产党第十八届中央委员会第五次全体会议通过《中国共产党第十八届中央委员会第五次全体会议公报》（以下简称《公报》）。《公报》指出：“推动区域协调发展，塑造要素有序自由流动、主体功能约束有效、基本公共服务均等、资源环境可承载的区域协调发展新格局。推动城乡协调发展，健全城乡发展一体化体制机制，健全农村基础设施投入长效机制，推动城镇公共服务向农村延伸，提高

① 《中共中央　国务院关于加快推进生态文明建设的意见》，人民出版社，2015，第 16 页。
② 《中共中央　国务院印发〈生态文明体制改革总体方案〉》，人民出版社，2015，第 4 页。
③ 《中共中央　国务院印发〈生态文明体制改革总体方案〉》，人民出版社，2015，第 21 页。

社会主义新农村建设水平。”① “坚持绿色发展，必须坚持节约资源和保护环境的基本国策，坚持可持续发展，坚定走生产发展、生活富裕、生态良好的文明发展道路，加快建设资源节约型、环境友好型社会，形成人与自然和谐发展现代化建设新格局，推进美丽中国建设，为全球生态安全作出新贡献。促进人与自然和谐共生，构建科学合理的城市化格局、农业发展格局、生态安全格局、自然岸线格局，推动建立绿色低碳循环发展产业体系。”② “加大环境治理力度，以提高环境质量为核心，实行最严格的环境保护制度，深入实施大气、水、土壤污染防治行动计划，实行省以下环保机构监测监察执法垂直管理制度。筑牢生态安全屏障，坚持保护优先、自然恢复为主，实施山水林田湖生态保护和修复工程，开展大规模国土绿化行动，完善天然林保护制度，开展蓝色海湾整治行动。”③

11. 农村人居环境整治

2018 年，由于我国农村人居环境状况很不平衡，脏乱差问题在一些地区还比较突出，与全面建成小康社会的要求和农民群众的期盼还有较大差距，仍然是经济社会发展的突出短板。为加快推进农村人居环境整治工作，进一步提升农村人居环境水平，中共中央办公厅、国务院办公厅印发了《农村人居环境整治三年行动方案》（以下简称《行动方案》），全文近 5900 字，以习近平新时代中国特色社会主义思想为指导，围绕统筹推进“五位一体”总体布局和协调推进“四个全面”战略布局，提出“因地制宜、分类指导”“示范先行、有序推进”“注重保护、留住乡愁”“村民主体、激发动力”“建管并重、长效运行”“落实责任、形成合力”六大基本原则；提出“推进农村生活垃圾治理”“开展厕所粪污治理”“梯次推进农村生活污水治理”“提升村容村貌”“加

① 《中国共产党第十八届中央委员会第五次全体会议公报》，人民出版社，2015，第 10 页。

② 《中国共产党第十八届中央委员会第五次全体会议公报》，人民出版社，2015，第 10～11 页。

③ 《中国共产党第十八届中央委员会第五次全体会议公报》，人民出版社，2015，第 11～12 页。

强村庄规划管理”“完善建设和管护机制”六项重点任务；发挥村民主体作用，加大政府投入力度，调动社会力量积极参与，通过“加强组织领导”“加强考核验收督导”“健全治理标准和法治保障”“营造良好氛围”，扎实有序推进农村人居环境整治工作。[①]

12. 构建现代环境治理体系

2020年，中共中央办公厅、国务院办公厅印发了《关于构建现代环境治理体系的指导意见》（以下简称《指导意见》），目的在于贯彻落实党的十九大部署，构建党委领导、政府主导、企业主体、社会组织和公众共同参与的现代环境治理体系。《指导意见》不分城市和农村，强调："以坚持党的集中统一领导为统领，以强化政府主导作用为关键，以深化企业主体作用为根本，以更好动员社会组织和公众共同参与为支撑，实现政府治理和社会调节、企业自治良性互动，完善体制机制，强化源头治理，形成工作合力，为推动生态环境根本好转、建设生态文明和美丽中国提供有力制度保障。”“到2025年，建立健全环境治理的领导责任体系、企业责任体系、全民行动体系、监管体系、市场体系、信用体系、法律法规政策体系，落实各类主体责任，提高市场主体和公众参与的积极性，形成导向清晰、决策科学、执行有力、激励有效、多元参与、良性互动的环境治理体系。”[②]

第二节　新中国成立以来对城乡环境综合治理认识的特征分析

新中国成立以来，中国共产党对城乡环境综合治理的认识在不断发

---

① 《中共中央办公厅　国务院办公厅印发〈农村人居环境整治三年行动方案〉》，2018年2月5日，中华人民共和国中央人民政府官网，http：//www.gov.cn/gongbao/content/2018/content_5266237.htm，最后访问日期：2020年9月15日。

② 《中共中央办公厅　国务院办公厅印发〈关于构建现代环境治理体系的指导意见〉》，2020年3月3日，中华人民共和国中央人民政府官网，http：//www.gov.cn/zhengce/2020-03/03/content_5486380.htm，最后访问日期：2020年9月15日。

生变化。随着中国共产党对城乡环境综合治理认识的不断深入，其制定的理论政策目的也在发生变化，水平也在不断提升，这主要表现在城乡环境综合治理政策内容和城乡环境综合治理政策话语塑造两个方面。

一 改革开放前对城乡环境综合治理认识的特征

（一）改革开放前：认识朴素

1949 年至 1978 年，中国处于以农业为主、工业起步的阶段，处于从农业文明向工业文明过渡的时期，集中精力进行经济建设被提上了党和国家的议事日程。在社会主义初级阶段，人民日益增长的物质文化需要同落后的社会生产之间的矛盾成为主要矛盾。要解决这一主要矛盾，就必须大力发展生产力，要大力发展生产力，就必然要开采各类资源，这就难免加剧资源的消耗，破坏生态环境。倘若控制经济发展的速度和规模，减少资源的过量消耗和浪费，保护生态环境，在一定程度上又会影响人民群众物质生活水平的提高，影响社会主义初级阶段主要矛盾的解决。中国共产党长期处于经济增长与环境保护的“两难选择”之中。在这“两难选择”中，中国共产党更多地倾向经济发展，对城乡环境综合治理认识较为简单，如毛泽东所说，1958 年 8 月前，“主要不是搞建设，而是搞革命。许多同志都是这样，把重点放在革命、社会改革上，而不是放在改造自然界方面”①。

新中国成立后到改革开放前的这段时间里，中国共产党正处于从战争思维向建设思维的转变期，对生态环境的理解比较朴素、单一，对城乡环境利益也没有充分的认识。在人与自然的关系上，中国共产党的认识还处于初级阶段，往往是站在人的立场去思考环境问题，把自然环境理解为山川河流、森林草场、大气水源等与人民群众生产生活所密切联系的客观对象，还没有完全正确认识到人与自然相互依存的关系。所以在此阶段的中国共产党得出了育林护林、绿化祖国，兴修水利、治理水

① 《毛泽东文集》（第 8 卷），人民出版社，1999，第 72 页。

患的生态认知；提出了高屋建瓴式的“32字方针”——“全面规划，合理布局，综合利用，化害为利，依靠群众，大家动手，保护环境，造福人民”；制定出台了一些自然资源和生态保护的规范性文件，如1956年的《绿化规格（草案）》、1957年的《中华人民共和国水土保持暂行纲要》等；开展群众性爱国卫生运动和植树造林、绿化祖国活动，加强土壤改造，防止水土流失，积极搞好老城市改造，兴修水利等。而这些政策措施的主要目的是让祖国美丽起来。

显而易见，在这一时期，中国共产党把对自然的改造和社会主义建设紧密联系在一起，逐步形成一些环境管理的方式方法和经验，对自然环境的认识水平处于较为宏观的层面，更多地强调人在人与自然关系中的主导作用，还未充分意识到城乡环境综合治理问题这一层面。中国共产党的城乡环境综合治理理论还处于起步阶段，党中央对于当时的生态环境还是比较乐观的，绿化和治水是当时的两大政策，治好水患、绿化祖国是一个十分美丽的制度设计。

（二）话语特征

三大改造完成后不久，毛泽东同志宣告“团结全国各族人民进行一场新的战争——向自然界开战”[①]，“向自然开战”在当时其实就是解决人与自然的矛盾。在“绿化祖国”的目标上，毛泽东同志明确提出“在十二年内，基本上消灭荒地荒山，在一切宅旁、村旁、路旁、水旁，以及荒地上荒山上，即在一切可能的地方，均要按规格种起树来，实行绿化”[②]；在“兴修水利”方面也提出了要求，即“同流域规划相结合，大量地兴修小型水利，保证在七年内基本上消灭普通的水灾旱灾”[③]。这里使用的“开战”“消灭”等词语很明显是受到改革开放前中国社会的话语体系的影响，具有革命性特点。因而，这一时期中国共产党城乡环境

① 《毛泽东文集》（第7卷），人民出版社，1999，第216页。
② 《毛泽东文集》（第6卷），人民出版社，1999，第509页。
③ 《毛泽东文集》（第6卷），人民出版社，1999，第509页。

综合治理政策具有革命性的痕迹。

二 改革开放后对城乡环境综合治理认识的特征

（一）改革开放后：认识深刻

沐浴着改革开放的春风，中国发生了巨大的变化，经济突飞猛进，民主政治改革不断深入。不断扩大的经济建设规模与日渐短缺的自然资源之间的矛盾日益凸显，环境压力愈益增大，城乡环境利益冲突加剧。在此背景下，党中央充分运用命令-控制手段，出台了相当多的环境政策，意在遏制日渐严重的环境问题。在战略思想上，将环境保护确立为我国的一项基本国策；确定了经济建设、城乡建设、环境建设要“同步规划、同步实施、同步发展”，实现经济效益和环境效益相互统一的指导方针；实行“谁污染，谁治理”的政策，着力于点源控制与浓度控制；把环境保护纳入国民经济和社会发展计划中，纳入城市发展总体规划中，对开发建设项目实行环境影响评价；完善环境保护目标责任制、城市环境综合整治定量考核制、污染物排放许可制等环境管理制度。1995 年进行了“全国乡镇企业污染情况调查”，弥补了乡镇企业污染排放量数据的缺失。1996 年，《“九五”期间全国主要污染物排放总量控制计划》列举了 12 项主要污染物，并对其排放实行总量控制。2004 年 4 月 20 日，国家环保总局联合其他部门举行环境保护专项整治行动，调查环境污染事件，惩治危害群众环境利益的行为，依法处理违纪违法的责任人，追究主管部门、所在地政府责任。但现实是，在追求 GDP 的狂热下，企业无视环境保护法规，环境保护政策就像一纸空文，基本不起作用。此时的政策大多是在环境压力下产生的，其目的是解决已经出现的环境问题。

改革开放进入攻坚阶段，中国共产党总结了资本主义国家在城乡环境保护方面的经验，总结新中国成立以来城乡环境保护的不足，认识到走“先发展后治理”的老路必然要付出惨重的代价，发展城乡经济不能对城乡环境置之不理。从 2007 年城乡统筹发展到 2012 年城乡一体化，城乡环境利益协调的问题真真正正进入党中央的视线。中国城乡污染防治有了新的突破，用“全过程控制”模式取代原来的“末端治理”模式；用“浓度与总量双控制”取代原来的“单纯浓度控制”；用“分散与集中治理相结合”取代了原来的“分散治理”。同时制定了严格的法律制度以保护城乡环境。根据 2013 年出台的《实行最严格水资源管理制度考核工作实施方案》，全面完成了 2013 年度最严格水资源管理制度考核工作。“加强法律监督、行政监察，对各类环境违法违规行为实行‘零容忍’”，“加大查处力度，严厉惩处违法违规行为”。2015 年 3 月 24 日，中共中央政治局召开会议，审议通过《中共中央　国务院关于加快推进生态文明建设的意见》，提出按照以人为本、防治结合、标本兼治、综合施策的原则，建立以保障人体健康为核心、以改善环境质量为目标、以防控环境风险为基线的环境管理体系。文件中 6 次提到“城乡”，如“城乡结构和空间布局明显优化”“推动经济社会发展、城乡、土地利用、生态环境保护等规划多规合一”“加大城乡环境综合整治力度”等；20 次使用了“严格”两个字，如“严格饮用水源保护”“严格入河（湖、海）排污管理”“把资源消耗、环境损害、生态效益等指标纳入经济社会发展综合评价体系，大幅增加考核权重，强化指标约束”等。此外，制定包括《环境保护法》《水污染防治法》等环境法律和《森林法》《水法》等资源法律，逐渐提高农村环境保护的法律地位；并积极转变管理手段，从以行政命令为主导到以法律、经济手段为主导，多种管理手段并用（见表 3-2）。

总之，中国共产党的城乡环境综合治理理论在这一时期逐步丰富和深入发展，中国环境保护从治理工业“三废”开始，到为控制城乡环境污染、保护城乡环境出台了相当多的规范性文件；维护城乡环境利益、协调综合治理的政策从被动乏力的“三废”治理、控制污染，逐渐发展到环境保护部门主动出击，制定严厉的惩罚措施。中国共产党城乡环境治理理论话语的建构实现了从“应急”到“预防”、从“被动”到“主动”、从“反应”到“创新”的一系列质的转变，这一系列转变意味着中国共产党中对城乡环境综合治理的认知水平在不断地提升，中国共产党对环境公平思想的认识在不断地深化，是中国共产党对人与自然和谐共处的深刻感悟。

表 3-2　中国目前常用的环境保护政策手段

命令-控制手段	市场经济手段	自愿行动	公众参与
污染物排放浓度控制	征收排污费	环境标志	公布环境状况公报
污染物排放总量控制	超过标准处以罚款	ISO14000 环境管理体系	公布环境统计公报
环境影响评价制度	二氧化硫排放费	清洁生产	公布河流重点断面水质
“三同时”制度	二氧化硫排放权交易	生态农业	公布大气环境质量指数
限期治理制度	二氧化碳排放权交易	生态示范区（省、市、县）	公布企业环境保护业绩试点
排污许可证制度	对于节能产品的补贴	生态工业园	环境影响评价公众听证
污染物集中控制	生态补偿费试点	环境保护非政府组织	加强各级学校环境教育
城市环境综合整治定量考核制度		环境模范城市 环境优美乡镇 环境友好企业	中华环保世纪行（舆论媒介监督）
环境行政督察		绿色 GDP 核算试点	

资料来源：张坤民、温宗国、彭立颖：《当代中国的环境政策：形成、特点与评价》，《中国人口·资源与环境》2007 年第 2 期。

（二）话语特征

改革开放后，为了提高生产力，解决社会主义初级阶段的主要矛盾，党和国家将工作重心放在以经济建设为中心、大力发展生产力上，以满足人民日益增长的物质文化需要。“发展才是硬道理”成为党和国家领导人的共识。这一时期，党和国家领导人已经认识到了环境问题对于社会发展的影响：环境问题直接关系到人民群众的正常生活和身心健康。如 1978 年的《环境保护工作汇报要点》，这是中国共产党第一次以中央文件的形式强调环境保护工作。党的十三大报告也提出，“人口控制、环境保护和生态平衡是关系经济和社会发展全局的重要问题”，“在推进经济建设的同时，要大力保护和合理利用各种自然资源，努力开展对环境污染的综合治理”①。可见，在改革开放前20年左右的时间里，党和国家领导人虽然认识到环境保护的重要性，但当时生态环境保护并未获得与经济发展同等的地位，环境保护是在经济发展这一大前提下的，一般在发展经济的框架内探讨环境保护问题、城乡环境利益问题。在话语地位上，经济发展是第一位的，环境保护的话语淹没在经济发展的各类文字表述中。随着改革开放的逐步深入，中国共产党对生态环境思想的认识也不断深入发展并逐渐丰富起来，城乡环境综合治理问题也越来越被重视，拥有了自己的话语体系。

一是不断丰富城乡环境综合治理话语体系。中国共产党十六大召开以来，城乡环境利综合治理话语体系不断出现新的成员，如“绿色”“循环再利用”“低碳”“环境权”“环境权利”“利益分享”“环保责任”“资源共享”“宜居城市”“美丽乡村”等。以党的十七大报告和党的十八大报告为例：在党的十七大报告里，“生态”出现12次，“城乡”出现23次，“农村”和“乡村”一共出现26次；在党的十八大报告里，“生态”出现39次，“城乡”出现29次，“农村”出现18次，“生态系统”出现9次，“生态安全”“生态效益”各出现2次，“生态空间”“生态良好”“生态修复”“生态产品”“生态价值”“生态补偿”“生态意识”分别出现1次。在中国共产党的历次代表大会报告中，如此高频率地使用具有生态特色的词汇，如此重视协调城乡环境综合治理是很少见的。2015年的《关于加快推进生态文明建设的意见》中，“生态”一词出现173次，“生态文明”出现75次，“农村”和“乡村”一共出现10次，“城乡”出现了6次。用国家大政方针的形式出台生态文明建设规范性文件，强调城乡环境综合治理的重要性，足见中国共产党对生态文明建设的重视。

① 中共中央文献研究室编《十三大以来重要文献选编》（上），人民出版社，1991，第24页。

二是不断提高城乡环境综合治理话语地位。党的十八大报告以“大力推进生态文明建设”为题，独立成篇地系统论述了生态文明建设，并提出了“把生态文明建设放在突出地位，融入经济建设、政治建设、文化建设、社会建设各方面和全过程，努力建设美丽中国，实现中华民族永续发展”[①]。国家政策文件《关于加快推进生态文明建设的意见》提出“良好生态环境是最公平的公共产品，是最普惠的民生福祉”，并且独立成段地强调了城乡环境综合治理的重要性，提出“推进绿色城镇化”“加快美丽乡村建设”，提出“构建平衡适宜的城乡建设空间体系”“维护城乡规划的权威性、严肃性”“加大城乡环境综合整治力度”[②]。

《生态文明体制改革总体方案》较为详细地论述实现城乡环境综合治理的对策，要求“坚持城乡环境治理体系统一”，“加大生态环境保护工作对农村地区的覆盖，建立健全农村环境治理体制机制，加大对农村污染防治设施建设和资金投入力度”，要求“逐步实行城乡环境保护工作由一个部门进行统一监管和行政执法的体制”，并且独立成段地论述“建立农村环境治理体制机制”，提出“建立以绿色生态为导向的农业补贴制度”，“完善农作物秸秆综合利用制度”，“加强农村污水和垃圾处理等环保设施建设”，“培育发展各种形式的农业面源污染治理、农村污水垃圾处理市场主体。强化县乡两级政府的环境保护职责，加强环境监管能力建设。财政支农资金的使用要统筹考虑增强农业综合生产能力和防治农村污染”[③]。

在2015年10月29日中国共产党第十八届中央委员会第五次全体会议通过的《中共中央关于制定国民经济和社会发展第十三个五年规划的建议》中，“城乡”出现了20次，这一文件还多次论述了城乡环境保护

① 胡锦涛：《坚定不移沿着中国特色社会主义道路前进　为全面建成小康社会而奋斗——在中国共产党第十八次全国代表大会上的报告》，人民出版社，2012，第39页。

② 《中共中央　国务院关于加快推进生态文明建设的意见》，人民出版社，2015，第6~7、13页。

③ 《中共中央　国务院印发〈生态文明体制改革总体方案〉》，人民出版社，2015，第4、20~21页。

的重要性，如“城乡区域发展不平衡；资源约束趋紧，生态环境恶化趋势尚未得到根本扭转”“推进城乡发展一体化，开辟农村广阔发展空间”“推动城乡协调发展。坚持工业反哺农业、城市支持农村，健全城乡发展一体化体制机制，推进城乡要素平等交换、合理配置和基本公共服务均等化”“促进城乡公共资源均衡配置，健全农村基础设施投入长效机制”等。①

2020年，中共中央办公厅、国务院办公厅印发《关于构建现代环境治理体系的指导意见》（以下简称《指导意见》）。《指导意见》中并未将城市环境治理与农村环境治理割裂开来，而是统一要求环境治理应构建党委领导、政府主导、企业主体、社会组织和公众共同参与的现代环境治理体系。城市与农村作为同等重要的环境主体，其现代环境治理体系的构建具有同等重要的意义和作用。

总而言之，在社会主义建设规律的探索过程中，城乡环境综合治理问题越来越受到党和国家的重视。中国共产党经历了从未充分认识城乡环境综合治理问题到逐渐重视城乡环境综合治理问题的过程，制定颁布了一系列高屋建瓴式的规范性文件，提出许多精辟的论断，这些都在不断丰富城乡环境综合治理理论的内涵，在不断丰富中国生态文明建设理论体系。

---

① 《中国共产党第十八届中央委员会第五次全体会议文件汇编》，人民出版社，2015，第23~50页。

第四章　环境利益冲突视角下的城乡环境综合治理难题

城乡环境治理过程中出现的难题有很多，在诸多难题中，城乡之间的环境利益冲突是最重要也是最严峻的问题，因此，本章选择从环境利益冲突角度谈论城乡环境综合治理难题。

“冲突”是指“矛盾表面化，发生激烈争斗”“互相矛盾，不协调”，是事物发展演进过程中一种不正常、不和谐的状态。城乡环境利益冲突是指在现代化发展过程中，城市与农村在环境利益方面出现的分配不协调的现象，是城乡生态环境发展中的一种非正常状态，是城乡冲突的一种表现形式。城市和农村是相对应的两个不同的利益主体。由于城市凭借得天独厚的优势而占有大量的利益资源，而城乡二元结构使农村处于弱势地位，两者在利益关系的天平上失去了平衡。城乡环境系统是一个以人为中心的“生态—经济—社会”复合生态系统，城乡环境利益失去协调将改变城乡生态系统原有的地域结构，使城乡生态系统整体发生不利于生物和人类生存的量变和质变，导致城乡生态系统的功能发生变化、产生障碍，系统稳定性下降，难以达到良性循环，也加大了城乡环境综合治理的难度。

第一节　被侵害的农村环境利益

改革开放促使中国经济突飞猛进，也使得城乡环境利益冲突现象日益凸显。农村是我国社会经济发展的最大区域，农村环境系统为城市系统的自然基础，只有城市和农村环境利益协调发展，才能实现城乡之间的良性循环。可实际上，当前城乡环境利益处于不对等的状态中，在发展经济的过程中，城市常常利用资金优势、技术优势利用农村地区的自然资源和劳动力，但开发利用自然资源的过程中产生的破坏性后果往往留在资源所在地（如矿区、林区等），这些污染一般远离城市。因此，在开发利用自然资源的过程中，城市往往需要承担的更多的是资金成本和技术成本，不承担生产及消费所带来的生态风险成本，也基本不直接承担治理环境污染的责任。这些成本与责任在不知不觉中遗留在矿区或林区所在的农村，农村居民的环境利益就这样在不知不觉中被侵害。快速发展的城市经济在一定程度上破坏了城市的生态环境，也破坏了农村的生态环境。城市环境利益在不断健全与完善的环境制度中逐渐被保护并落实，相较于城市，农村环境利益保护的力度还远远不够，农村与农村居民承担着与环境权利不对等的环境责任，农村环境利益受到了侵害。

一　被过度开发的农村资源

中国城市化发展经历了从低速前行、停滞徘徊到快速发展三个阶段，城市化水平从1949年的10.64%上升至2006年的43.90%，2012年进一步上升为52.57%；2014年末，全国设市城市653个[①]，城镇常住人口为74916万人，占总人口的比重为54.77%[②]，城市化水平为54.77%；2019年，城镇常住人口为84843万人，占总人口的比重（常住人口城镇化率）为60.60%，户籍人口城镇化率为44.38%[③]。然而，中国城市的繁荣发展往往伴随着对各类自然资源的过度开发。

① 中华人民共和国住房和城乡建设部：《2014年城乡建设统计公报》，2015年7月3日，中华人民共和国住房和城乡建设部官网，http://www.mohurd.gov.cn/wjfb/201507/t20150703_222769.html，最后访问日期：2020年9月15日。

② 中华人民共和国国家统计局：《2014年国民经济和社会发展统计公报》，2015年2月26日，中华人民共和国国家统计局官网，http://www.stats.gov.cn/tjsj/zxfb/201502/t20150226_685799.html，最后访问日期：2020年9月15日。

③ 中华人民共和国国家统计局：《中华人民共和国2019年国民经济和社会发展统计公报》，2020年2月28日，中华人民共和国国家统计局官网，http://www.stats.gov.cn/tjsj/zxfb/202002/t20200228_1728913.html，最后访问日期：2020年9月15日。

第一，农村土地资源不断减少。

改革开放以来，城市发展迅速，需要大量的土地。然而，全国土地总量是固定的，城市用地供应量的增加就意味着农村土地量的减少。

一是农村耕地不断减少。1978～2003 年，中国共有 7057.5 万亩耕地转化为建设用地，年均减少 440.7 万亩。[①] 2000 年后，生态退耕、城市加速发展和房地产开发等导致耕地数量迅速减少。2001～2008 年，全国耕地面积从 19.14 亿亩降到 18.257 亿亩，减少了 0.883 亿亩。[②] 2009～2013 年，全国耕地面积从 13538.46 万公顷（20.308 亿亩）[③] 降到 13516.34 万公顷（20.275 亿亩），减少了 22.12 万公顷（0.033 亿亩）。在耕地减少的同时，中央重视、各地政府积极作为，通过农村土地整治工程增加耕地面积，但耕地增加值远远低于耕地减少值。直到 2013 年，耕地增加值才大于耕地减少值，“通过土地整治、农业结构调整等增加耕地面积 35.96 万公顷，年内净增加耕地面积 0.49 万公顷”[④]。2013 年底[⑤]，全国共有农用地 64616.84 万公顷，其中耕地 13516.34 万公顷（20.27 亿亩），林地 25325.39 万公顷，牧草地 21951.39 万公顷；建设用地 3745.64 万公顷，其中城镇村及工矿用地 3060.73 万公顷[⑥]（见图 4-1）。到了 2019 年，“全年粮食种植面积 11606 万公顷，比上年减少 97

① 方创琳、刘海燕：《快速城市化进程中的区域剥夺行为与调控路径》，《地理学报》2007 年第 8 期。

② 根据中华人民共和国国土资源部《2001 年中国国土资源公报》（http://www.mnr.gov.cn/sj/tjgb/201807/t20180704_1997931.html）和《2008 年中国国土资源公报》（http://www.mnr.gov.cn/sj/tjgb/201807/t20180704_1997938.html）计算得来。

③ 2009 年全国耕地面积为 13538.5 万公顷，按照 1 公顷等于 15 亩折算，亦即我国耕地约为 20.3 亿亩。二次调查耕地数据比一次调查数据逐年变更到 2009 年的耕地数据多出 1358.7 万公顷（2 亿亩），主要是受调查标准、技术方法的改进和农村税费政策调整等因素影响，调查数据更加全面、客观、准确。

④ 中华人民共和国环境保护部：《2014 中国环境状况公报》，2015 年 6 月 4 日，中华人民共和国生态环境部官网，http://www.mee.gov.cn/gkml/sthjbgw/qt/201506/W020150605383406308836.pdf，最后访问日期：2020 年 9 月 15 日。

⑤ 受国土资源部数据收集时间限制，该部分内容滞后一年。

⑥ 中华人民共和国环境保护部：《2014 中国环境状况公报》，2015 年 6 月 4 日，中华人民共和国生态环境部官网，http://www.mee.gov.cn/gkml/sthjbgw/qt/201506/W020150605383406308836.pdf，最后访问日期：2020 年 9 月 15 日。

万公顷。其中，小麦种植面积 2373 万公顷，减少 54 万公顷；稻谷种植面积 2969 万公顷，减少 50 万公顷；玉米种植面积 4128 万公顷，减少 85 万公顷。棉花种植面积 334 万公顷，减少 2 万公顷。油料种植面积 1293 万公顷，增加 6 万公顷。糖料种植面积 162 万公顷，减少 1 万公顷”①。11606 万公顷的耕地要养活中国的 140005 万人，人均约 0.083 公顷，还不到世界人均耕地面积的一半。

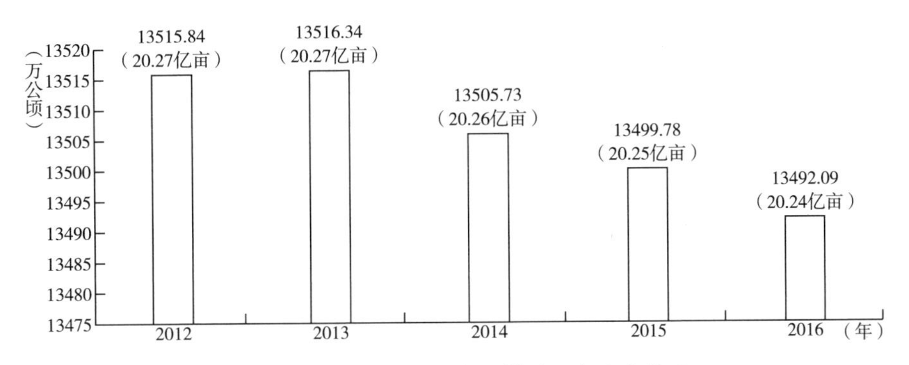

图 4-1　2012~2016 年全国耕地面积变化情况

资料来源：中华人民共和国自然资源部：《2017 中国土地矿产海洋资源统计公报》，2018 年 5 月，中华人民共和国自然资源部官网，http：//gi.mnr.gov.cn/201805/P020180518560317883958.pdf，最后访问日期：2020 年 9 月 15 日。

二是国有建设用地供应量不断增加。2005~2013 年，国有建设用地供应量基本不断增加（见图 4-2）。以 2013 年为例，国有建设用地供应面积为 73.05 万公顷，同比增长 2.7%。其中，工矿仓储用地、商服用地、住宅用地和基础设施等其他用地供应面积分别为 21.00 万公顷、6.51 万公顷、13.81 万公顷和 31.73 万公顷，同比分别增长 1.4%、27.9%、20.5%和下降 6.3%。② 2014 年，由于耕地保护意识的增强，国有建设用地供应量才有所下降。2014 年，国有建设用地供应面积为

① 中华人民共和国国家统计局：《中华人民共和国 2019 年国民经济和社会发展统计公报》，2020 年 2 月 28 日，中华人民共和国国家统计局官网，http：//www.stats.gov.cn/tjsj/zxfb/202002/t20200228_1728913.html，最后访问日期：2020 年 9 月 15 日。

② 中华人民共和国国土资源部：《2013 中国国土资源公报》，2014 年 5 月，中华人民共和国自然资源部官网，http：//www.mnr.gov.cn/zt/hd/dqr/45earthday/zleg/201405/t20140506_2058239.html，最后访问日期：2020 年 9 月 15 日。

60.99万公顷，同比减少18.8%，其中，工矿仓储用地、商服用地、住宅用地和基础设施等其他用地供应面积分别为14.73万公顷、4.93万公顷、10.21万公顷和31.12万公顷（见图4-3），同比分别减少31.0%、26.4%、28.1%和5.2%。① 2015年，国有建设用地供应面积为53.36万公顷，同比减少17.7%，其中，工矿仓储用地、商服用地、住宅用地和基础设施等其他用地供应面积分别为12.48万公顷、3.71万公顷、8.26万公顷和28.91万公顷，同比分别减少16.5%、26.1%、20.9%和15.9%。② 2016年，建设用地为3909.51万公顷，其中城镇村及工矿用地为3179.47万公顷。③ 2017年，国有建设用地供应面积为60.31万公顷（904万亩），同比增长13.5%。其中，工矿仓储用地12.28万公顷，同比下降0.2%；商服用地3.09万公顷，同比下降12.0%；住宅用地8.43万公顷，同比增长13.2%；基础设施及其他用地36.52万公顷，同比增长22.4%。④

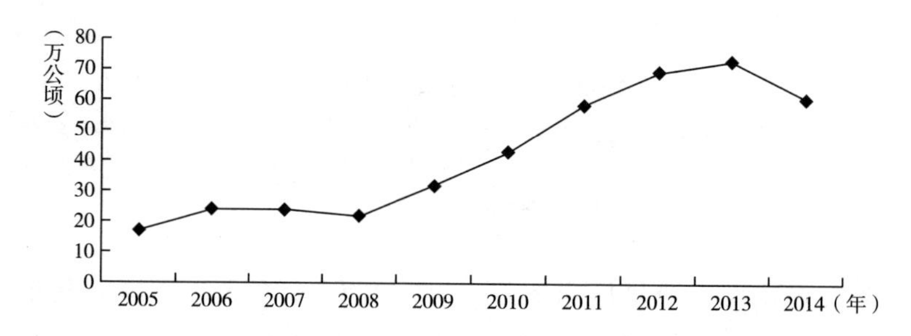

图4-2 2005~2014年国有建设用地供应量变化情况

资料来源：作者根据2005~2014年《中国国土资源公报》整理而得。

---

① 中华人民共和国国土资源部：《2014中国国土资源公报》，2015年4月，中华人民共和国自然资源部官网，http://www.mnr.gov.cn/sj/tjgb/201807/P020180704391904509168.pdf，最后访问日期：2020年9月15日。

② 中华人民共和国国土资源部：《2015中国国土资源公报》，2016年4月，中华人民共和国自然资源部官网，http://www.mnr.gov.cn/sj/tjgb/201807/P020180704391909349188.pdf，最后访问日期：2020年9月15日。

③ 中华人民共和国自然资源部：《2017中国土地矿产海洋资源统计公报》，2018年5月，中华人民共和国自然资源部官网，http://gi.mnr.gov.cn/201805/P020180518560317883958.pdf，最后访问日期：2020年9月15日。

④ 中华人民共和国自然资源部：《2017中国土地矿产海洋资源统计公报》，2018年5月，中华人民共和国自然资源部官网，http://gi.mnr.gov.cn/201805/P020180518560317883958.pdf，最后访问日期：2020年9月15日。

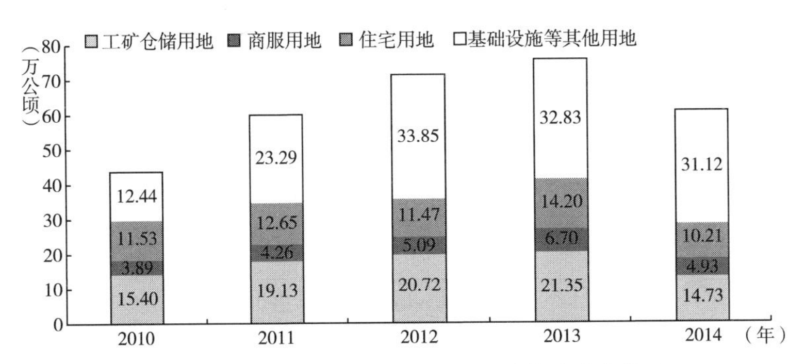

图 4-3　2010~2014 年国有建设用地供应变化情况

资料来源：中华人民共和国国土资源部：《2014 中国国土资源公报》，2015 年 4 月，中华人民共和国自然资源部官网，http：//www.mnr.gov.cn/sj/tjgb/201807/P020180704391904509168.pdf，最后访问日期：2020 年 9 月 15 日。

第二，过度发展旅游业侵占农村资源。

随着城市化进程的推进，旅游业成为拉动城市经济发展的一大动力。许多人认为旅游业是“无烟工业”或“无污染工业”，然而，不科学的旅游发展对包括土壤、植被、野生动物、水资源等方面在内的自然生态环境产生了巨大冲击。旅游园区规划占地动辄上千亩，有的甚至近万亩，许多地方因为开发旅游产品，修大马路，造大酒店，建旅游度假区，从而征用、闲置了大量土地；有些甚至占用良田，破坏文物古迹等。

截至 2020 年 1 月 7 日，文化和旅游部共确定了 280 个国家 5A 级旅游风景区。旅游度假区的开发建设一方面在促进中国旅游业大发展上发挥着巨大作用；另一方面，却因管理体制不顺、政府调控有限等因素，全国各地纷纷建设旅游度假区。建设过程中，旅游度假区开发规模过大，违法占用农业土地，剥夺农村居民的土地使用价值。部分旅游度假区规划者仅仅考虑如何利用投资建设的旅游项目与设施在短时间内获取更多经济利益，却没有考虑到当地农业、农村和农村居民如何从旅游度假区中获益。对旅游度假区发展是否对周边自然环境造成影响，会造成多大影响，旅游度假区规划者或是随意应付，或是充耳不闻。

第三，农村森林资源被大量开采使用。

根据第九次全国森林资源清查（2014~2018年）结果，全国森林面积为2.2亿公顷，森林覆盖率为22.96%，森林蓄积量为175.6亿立方米。[①] 我国森林蓄积量虽然处于世界前列，但农村森林资源在城市化进程中不断被开采、滥用。以全国商品材总量为例，从2002年到2013年，全国商品材总量除2009年有所下降外，其余年份均不断攀升（见图4-4）。2008年比较特殊，受雨雪冰冻灾害和汶川地震的影响，须清理受损林木和进行灾后重建，木材产量增幅较大，全国木材产量为8108.34万立方米，比2007年增长16.22%，达到当时的历史最高水平。[②] 2009年有所回落，达到7068.29万立方米，比2008年减少12.83%。[③] 之后的

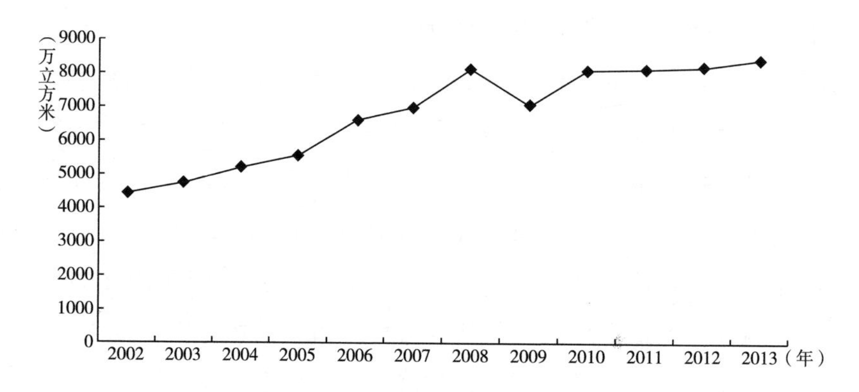

图4-4　2002~2013年全国商品材总量变化情况

资料来源：作者根据2003~2014年《中国林业发展报告》整理而得。

① 中华人民共和国生态环境部：《2019中国生态环境状况公报》，2020年6月，中华人民共和国生态环境部官网，http://www.mee.gov.cn/hjzl/sthjzk/zghjzkgb/202006/P020200602509464172096.pdf，最后访问日期：2020年9月15日。

② 《2009年中国林业发展报告》，2010年8月25日，国家林业和草原局、国家公园管理局官网，http://www.forestry.gov.cn/main/62/20100825/437412.html，最后访问日期：2020年9月15日。

③ 《2010年中国林业发展报告》，2011年3月1日，国家林业和草原局、国家公园管理局官网，http://www.forestry.gov.cn/main/62/20110301/464039.html，最后访问日期：2020年9月15日。

几年，全国商品材总量一直都在增加，到2013年，全国商品材总产量为8438.50万立方米，比2012年增长3.22%。锯材产量持续增长，产量为6297.60万立方米，比2012年增长13.10%。人造板产量保持增长，产量达到25559.91万立方米，比2012年增长14.43%。木竹地板产量恢复增长，产量为6.89亿平方米，同比增长14.06%。2013年，全国木制家具总产量23646.35万件，比2012年减少1.05%。木浆产量为882万吨，比2012年增长8.89%。[①] 几乎所有项目都在增长，每年不断有林地转为非林地，树木变为商品材。再加上封山育林需要一段时间才有效果，植树造林成活率低，农村森林资源被严重破坏。

农村森林资源被严重破坏，留下光秃秃的山头，也就埋下了各种地质灾害的隐患。农村森林的破坏，使得森林调节气候、截流及吸纳雨水、保持水土、净化大气等能力减弱，洪涝及干旱灾害越来越频繁、灾情越来越重，水土流失愈演愈烈，导致大面积生态失调和环境污染。

二　污染被转移到农村

一方面，依照“最方便”原则，未经处理的生产生活废弃物被直接堆放在周边的农村或离城市不太远的农村；另一方面，依照“最小抵抗路径”原则，污染企业转移到了农村。这不仅严重影响了农村的自然环境，而且给农村居民的身心健康与生命安全带来了极大的威胁。这表现在以下两个方面。

第一，各类垃圾运往农村。现代城市在欢快地拥抱技术进步带来物质富足的同时，也被自己制造的废弃物所围困。[②] “人类废品的产生，既是现代化不可避免的产物，同时也是现代性不可分离的伴侣。它是秩序构建（每一种秩序都会使现存人口的某些部分成为不合适的、不合格的

---

① 《2014年中国林业发展报告》，2014年11月26日，国家林业和草原局、国家公园管理局官网，http://www.forestry.gov.cn/main/62/content-750495.html，最后访问日期：2020年9月15日。

② 〔意大利〕伊塔洛·卡尔维诺：《看不见的城市》，张宓译，译林出版社，2006。

或者不被人们需要的）和经济进步（这种进步必须贬低一些曾经有效的生存方式，因此也一定会剥夺依靠这些方式生存的人的谋生手段）必然的副作用。”[①] 垃圾的产生不可避免，问题是如何科学地处理垃圾。人们通常会依照两种最常见的方法来处置垃圾：一是个人、企业、农牧场等废弃物制造者将生产生活过程中产生的废水、废气和固体废弃物随意丢弃，“眼不见为净”，这些废弃物带来的环境污染后果由不确定的“他人”来承担；二是个人、企业、农牧场等废弃物的制造者将生产生活过程中产生的废水、废气和固体废弃物放置在某些特殊的地点，这些特殊地点一般包括地理以及文化意义上的偏远地区或是弱势族群集中区，如农村。企业考虑到建造垃圾处理厂的成本、缴纳的高额处理费用以及对附近居民和环境可能造成的影响，最终选择将垃圾直接转移到这些特定地区。

第二，污染企业搬迁至农村。城市环境整治力度日益加大，而农村环境管理力量相对薄弱，许多在城市中难以立足的技术落后、设备陈旧的能耗大、污染严重的化工类企业选择将厂址或污染设备转移到农村地区，给农村环境造成极大的破坏。这些乡村企业多为电镀、印染、造纸、化工、炼焦、炼磺和制苯等重污染行业，它们往往以追求利润最大化为目的，生产产生的工业“三废”只是简单处理甚至不处理便直接排放到沟塘水渠或田地里，这远远超出了农村环境的承载能力。目前，我国乡镇企业污染占整个工业污染的比重不断上升，直接威胁农村的生态安全、经济安全与社会安定。

转移到农村的污染造成了严重的后果，严重侵害了农村的环境利益。

首先，造成农村水危机。生产生活废弃物被随意放置，有时甚至直接放置在水源附近，常常因为雨水冲刷被带入水源，使得农村水体的化学组成或物理状况发生变化，导致农村水危机。当前农村水污染严重，水环境状况不断恶化，许多地方出现“60 年代饮水淘米，70 年代洗衣灌

① 〔英〕齐格蒙特·鲍曼：《废弃的生命——现代性及其弃儿》，谷蕾、胡欣译，江苏人民出版社，2006，第 6 页。

溉，80年代水质变坏，90年代鱼虾绝代”的现象。2015年，全国废水排放量为735.3亿吨，比2014年增加2.7%，工业废水排放量为199.5亿吨，城镇生活污水排放量为535.2亿吨，集中式污染治理设施废水（不含城镇污水处理厂，下同）排放量为0.6亿吨（见表4-1）。重点流域的废水排放总量为488.7亿吨，比2014年上升了3.0%，占全国废水排放总量的66.5%。其中，松花江、辽河、海河、黄河中上游、淮河、长江中下游、太湖、巢湖、滇池、三峡库区及其上游、丹江口库区及其上游流域的废水排放量分别为22.9亿吨、19.6亿吨、84.7亿吨、45.4亿吨、69.3亿吨、131.9亿吨、35.9亿吨、5.0亿吨、4.0亿吨、65.1亿吨和5.0亿吨，分别占重点流域排放总量的4.7%、4.0%、17.3%、9.3%、14.2%、27.0%、7.3%、1.0%、0.8%、13.3%和1.0%。[①] 而绝大部分的废污水都排向了农村，农村水源被严重污染。

表4-1　2011~2015年全国废水及其主要污染物排放情况

年份	排放量	合计	工业源	农业源	城镇生活源	集中式
2011	废水/亿吨	659.2	230.9	—	427.9	0.4
	化学需氧量/万吨	2499.9	354.8	1186.1	938.8	20.1
	氨氮/万吨	260.4	28.1	82.7	147.7	2.0
2012	废水/亿吨	684.8	221.6	—	462.7	0.5
	化学需氧量/万吨	2423.7	338.5	1153.8	912.8	18.7
	氨氮/万吨	253.6	26.4	80.6	144.6	1.9
2013	废水/亿吨	695.4	209.8	—	485.1	0.5
	化学需氧量/万吨	2352.7	319.5	1125.8	889.8	17.7
	氨氮/万吨	245.7	24.6	77.9	141.4	1.8

① 《2015中国环境统计年报》，2017年2月，中华人民共和国生态环境部官网，http://www.mee.gov.cn/hjzl/sthjzk/sthjtjnb/201702/P020170223 595802837498.pdf，最后访问日期：2020年9月15日。

续表

年份	排放量	合计	工业源	农业源	城镇生活源	集中式
2014	废水/亿吨	716.2	205.3	—	510.3	0.6
	化学需氧量/万吨	2294.6	311.3	1102.4	864.4	16.5
	氨氮/万吨	238.5	23.2	75.5	138.1	1.7
2015	废水/亿吨	735.3	199.5	—	535.2	0.6
	化学需氧量/万吨	2223.5	293.5	1068.6	846.9	14.5
	氨氮/万吨	229.9	21.7	72.6	134.1	1.5
变化率/%	废水/亿吨	2.7	-2.8	—	4.9	—
	化学需氧量/万吨	-3.1	-5.7	-3.1	-2.0	—
	氨氮/万吨	-3.6	-6.5	-3.8	-2.9	—

注：①自2011年起环境统计中增加农业源的污染排放统计，农业源包括种植业、水产养殖业和畜禽养殖业排放的污染物；②集中式污染治理设施排放量指生活垃圾处理厂（场）和危险废物（医疗废物）集中处理（置）厂（场）垃圾渗滤液/废水及其污染物的排放量；③变化率表示与2014年相比指标的变化情况；④表中“—”表示无此项指标或不宜计算，下同；⑤文中所有变化率、占比及数据修约，均是根据原始统计数据进行计算及进位，与表中修约后的数据直接计算可能有所不同，特此说明，下同。

资料来源：《2015中国环境统计年报》，2017年2月，中华人民共和国生态环境部官网，http://www.mee.gov.cn/hjzl/sthjzk/sthjtjnb/201702/P02017022359 5802837498.pdf，最后访问日期：2020年9月15日。

一是农村饮用水危机。农村饮水安全，是指农村居民能够及时、方便地获得足量、洁净、负担得起的生活饮用水。2004年11月至2005年6月，水利部、国家发展和改革委员会及卫生部联合在全国开展了农村饮水安全调查，编制了《全国农村饮水安全现状调查评估报告》。报告显示，在我国，3.2亿的农村人口饮水不安全，占农村人口的34%。[①] 截至2010年底，全国还有4亿多农村人口的生活饮用水采取直接从水源取水、未经任何设施或仅有简易设施的分散供水方式，占全国农村供水人

① 聚焦纪实文学《在水一方——中国农村饮水安全工程纪实》，中华人民共和国水利部官网，http://www.mwr.gov.cn/ztpd/2013ztbd/jjjswx/zpjx/201307/t20130725_477298.html，最后访问日期：2020年9月15日。

口的42%，其中，8572万人无供水设施，直接从河、溪、坑塘取水。除原农村饮水安全现状调查评估核定剩余饮水不安全人口外，出于饮用水水质标准提高、农村水源变化、水污染、早期建设的工程标准过低及老化报废、移民搬迁、国有农林场新纳入规划等原因，还有大量新增饮水不安全人口需要解决饮水安全问题，因此，建设农村饮水安全工程仍然是一项繁重的任务。[①] 再加上农村饮用水水源点多面广、单个水源规模较小、部分早期建设的饮水工程老化失修等原因，水源保护管理基础薄弱、防护措施不足、长效运行机制不完善等问题依然存在，农村水源污染事件时有发生。

二是农村居民不得不用劣Ⅴ类毒水灌溉农田。我国粮食主产区[②]（乃至大部分农业主产区）主要集中在长江、黄河、珠江、松花江、淮河、海河、辽河等七大流域，然而这七大流域的水质却令人担忧。①根据《2019中国生态环境状况报告》，劣Ⅴ类水质主要集中在黄河流域、海河流域、辽河流域和西南诸河，黄河流域劣Ⅴ类占8.8%，主要支流劣Ⅴ类占11.30%；海河流域劣Ⅴ类占7.5%，主要支流劣Ⅴ类占9.7%，省界断面劣Ⅴ类占10.6%；辽河流域劣Ⅴ类占8.7%，主要支流劣Ⅴ类占21.1%；西南诸河劣Ⅴ类占3.2%。[③] ②2019年，开展水质监测的110个重要湖泊（水库）中，劣Ⅴ类占7.3%，主要污染指标为总磷、化学需氧量和高锰酸盐指数。Ⅴ类湖泊为异龙湖、淀山湖、高邮湖、大通湖、兴凯湖；劣Ⅴ类湖泊为艾比湖、杞麓湖、呼伦湖、星云湖、程海、乌伦

---

① 《国务院通过全国农村饮水安全工程“十二五”规划》，2012年3月21日，中国新闻网，http：//www.chinanews.com/gn/2012/03-21/3762526.shtml，最后访问日期：2020年9月20日。

② 10大粮食生产先进标兵地区为河北省藁城区、吉林省榆树市、黑龙江省五常市、江苏省兴化市、安徽省霍邱县、山东省兖州区、河南省滑县、湖北省襄阳区、湖南省湘潭县、四川省中江县。

③ 中华人民共和国生态环境部：《2019中国生态环境状况公报》，2020年6月，中华人民共和国生态环境部官网，http：//www.mee.gov.cn/hjzl/sthjzk/zghjzkgb/202006/P020200602509464172096.pdf，最后访问日期：2020年9月20日。

古湖、纳木错、羊卓雍错。[①] ③我国地下水水质也不容客观。2019年，全国10168个国家级地下水水质监测点中，Ⅰ～Ⅲ类水质监测点占14.4%，Ⅳ类占66.9%，Ⅴ类占18.8%。全国2830处浅层地下水水质监测井中，Ⅰ～Ⅲ类水质监测井占23.7%，Ⅳ类占30.0%，Ⅴ类占46.2%。超标指标为锰、总硬度、碘化物、溶解性总固体、铁、氟化物、氨氮、钠、硫酸盐和氯化物。[②]

其次，耕地污染严重。城市周边的农田、绿地、林地等对维持城市生态平衡和提高城市生态环境质量具有重要作用，一旦受到破坏，会迅速降低城市和城市周边地区的环境承载能力与污染净化能力。然而，经济快速发展的同时，农村耕地也遭到严重污染。2015年，全国一般工业固体废物产生量为32.7亿吨，比2014年增加0.4%。综合利用量为19.9亿吨，比2014年减少2.7%，综合利用率为60.9%；贮存量为5.8亿吨，比2014年增加29.6%；处置量为7.3亿吨，比2014年减少9.1%；倾倒丢弃量为55.8万吨，比2014年减少6.1%。倾倒丢弃量较大的省份为新疆维吾尔自治区，为15.4万吨，主要为尾矿、粉煤灰和炉渣；辽宁7.5万吨，主要为其他废物；重庆7.2万吨，主要为煤矸石；贵州6.9万吨，主要为冶炼废渣；云南6.9万吨，主要为炉渣、尾矿和其他废物。5个省（区、市）的工业固体废物倾倒丢弃量占全国工业企业固体废物倾倒丢弃量的78.8%。[③] 不仅如此，重金属污染形势相当严峻。2013年，占据着重金属（汞、镉、六价铬、总铬、铅、砷）排放量前4名的4大行业分别是金属制品业、有色金属冶炼和压延加工业、皮革等及其制品和

---

① 中华人民共和国生态环境部：《2019中国生态环境状况公报》，2020年6月，中华人民共和国生态环境部官网，http：//www.mee.gov.cn/hjzl/sthjzk/zghjzkgb/202006/P020200602509464172096.pdf，最后访问日期：2020年9月20日。

② 中华人民共和国生态环境部：《2019中国生态环境状况公报》，2020年6月，中华人民共和国生态环境部官网，http：//www.mee.gov.cn/hjzl/sthjzk/zghjzkgb/202006/P020200602509464172096.pdf，最后访问日期：2020年9月15日。

③ 《2015中国环境统计年报》，2017年2月，中华人民共和国生态环境部官网，http：//www.mee.gov.cn/hjzl/sthjzk/sthjtjnb/201702/P020170223595 802837498.pdf，最后访问日期：2020年9月15日。

制鞋业、有色金属矿采选业。这一年，4大行业的重金属排放量为307.2吨，在重点调查的工业企业中，4大行业的重金属排放量占到了72.3%。[①] 多种污染物质的不断入侵，导致农田受到不同程度的污染。首次全国土壤污染状况调查（2005年4月至2013年12月）的报告指出："当前全国土壤总的点位超标率为16.1%，耕地土壤点位超标率为19.4%，林地、草地和未利用地土壤点位超标率分别为10.0%、10.4%和11.4%。"[②] 可见，全国土壤环境状况总体并不乐观，耕地土壤质量更是堪忧。而被严重污染的农村耕地种植出的农作物，或是被严重污染的农村耕地因雨水的冲刷又污染了的河流和河里的动物，被人类消费，将直接危害人类的身心健康和生命安全。

再次，农村居民的环境资源权益被忽视。农村各类资源被廉价开采利用，污染农村的自然环境，也严重侵害农村居民的环境利益。以土地为例，土地是农村居民生存最基本的也是最重要的自然资源，特别是在贫困地区，经营性土地收入是农村家庭唯一的生活来源。当前的《土地管理法》中第一章第二条规定："国家为了公共利益的需要，可以依法对土地实行征收或者征用并给予补偿。"但是相关法律文件并没有明确界定"公共利益"的内涵和外延，别有用心者利用这一"不够明确"，征地过程中带有很强的功利性和随意性，甚至把征地作为谋求本地区经济快速发展的手段。

最后，农村居民的健康生存权被无视。对农村环境利益的侵袭的最大威胁莫过于对农村居民的身心健康和生命安全的危害。农村水源、耕地一旦被污染，出于污染物留存时间较长、治理代价高昂、技术人员短缺、污染问题过于严重而难以治理等原因，许多受污染的土壤或水源长

---

① 《2013中国环境统计年报》，2014年11月，中华人民共和国生态环境部官网，http://www.mee.gov.cn/hjzl/sthjzk/sthjtjnb/201605/U020160604811096703781.pdf，最后访问日期：2020年9月15日。

② 中华人民共和国环境保护部：《2014中国环境状况公报》，2015年6月4日，中华人民共和国生态环境部官网，http://www.mee.gov.cn/gkml/sthjbgw/qt/201506/W020150605383406308836.pdf，最后访问日期：2020年9月15日。

期得不到及时有效的治理，而生活在这片被污染的土地上的农村居民却在不知不觉中犯上了各种疾病。当人们意识到村庄的环境污染问题已经十分严重时，往往已经病入膏肓，难以救治。

第二节　被侵害的城市环境利益

农村地区为了解决基本的物质需求问题和基本的发展问题，农村居民为了满足基本生活和实现脱贫致富，其发展的外部性会影响到城市发展和城市居民的生命健康。

一　不科学的生产方式污染城市环境

不科学的生产方式污染城市环境。以农村焚烧秸秆为例。当前农村居民纷纷选择用焚烧的方式处理秸秆，这是因为一般农田一年要种两季到三季农作物，这就意味着收割完上一季农作物就马上要进行下一季农作物的播种、插秧，间隔的时间往往只有1~2天，上一季产生的秸秆必须在这一两天内“处理”掉。因此，焚烧秸秆成了最便捷的处理方法。此其一。其二，当前我国农村生产生活方式已发生了巨大变化，农村炊事、取暖等采用更便捷的化石能源，原来作为燃料的秸秆大量剩余，没有用的秸秆就只能烧掉。其三，受寒冷气候影响，秸秆在冬季难发酵转化，不能及时腐烂或腐烂得很慢，则会影响下一茬作物的耕作。正因为如此，焚烧秸秆成了最有效、最方便的处理方法。

焚烧秸秆方便了农村居民，却给城市居民带来严重的空气污染。小麦和玉米等农作物的秸秆会产生大量污染物质，夹杂着污染物质的滚滚浓烟借助风力可以飘出几千米远，严重污染城市空气。秸秆焚烧散发的烟气含“有机气溶胶”，可形成细颗粒物 $PM_{2.5}$、颗粒物 PM_{10}；秸秆焚烧还能产生 CO、CO_2、NOx（氮氧化物）、$C_{12}H_4C_{14}O_2$（二噁英）、多环芳烃等污染物。

值得注意的是，秸秆焚烧对雾霾形成具有重要的诱导作用。雾霾的产生有多种原因，城市中的汽车尾气、工业排放的废气、燃煤与扬尘等都是形成雾霾的罪魁祸首。而且，不同区域、不同城市雾霾的来源及比例有所不同。具体到某一地区某一时间段的雾霾现象，秸秆焚烧具有重要的诱导作用。特别是在夏收、秋收季节，秸秆是在一两天的时间内集中焚烧，在燃烧过程中，秸秆中的木质素、纤维素和半纤维素等易燃物质部分转化为含碳颗粒物，燃烧过程中产生的大量颗粒物悬浮于空中，为雾滴的形成提供了丰富的凝结核。颗粒物的集中、大规模排放，再加上大气自净能力下降，没有降雨、降雪等可以明显降低颗粒物浓度，导致焚烧秸秆成为雾霾形成的重要诱因。

根据《2014 中国环境状况公报》，“从全国秸秆焚烧火点分布情况看，火点数排前 10 位的省份依次为河南 1145 个、黑龙江 787 个、安徽 722 个、吉林 547 个、辽宁 469 个、山东 330 个、内蒙古 256 个、河北 149 个、山西 148 个、湖北 133 个”[①]。2015 年 10 月 18 日，环境保护部公布一组数据：2015 年 10 月 5 日至 17 日，全国有 20 个省（区、市）共监测到疑似秸秆焚烧火点 862 个，比 2014 年同期增加 54 个，增幅为 6.68%。其火点数依次分别为山东 179 个，河南 155 个，辽宁 110 个，山西 87 个，安徽 67 个，吉林 60 个，河北 59 个，湖北 46 个，黑龙江 23 个，甘肃 21 个，新疆 19 个，内蒙古 13 个，宁夏、湖南、海南、广西、陕西、天津、江苏、浙江等 8 省（区、市）火点数低于 10 个。从秸秆焚烧火点强度看，平均每千公顷耕地面积火点数排序为前 5 位的省份依次为辽宁、山西、山东、河南、吉林[②]（见表 4-2）。也就在这一时期，各种关于城市遭遇雾霾的报道出现在各大媒体，如“京津冀遭遇入秋以来第四次雾霾天气袭击”“华北黄淮等地 10 余省市还将持续雾霾天气，局

① 中华人民共和国环境保护部：《2014 中国环境状况公报》，2015 年 6 月 4 日，中华人民共和国生态环境部官网，http://www.mee.gov.cn/gkml/sthjbgw/qt/201506/W020150605383406308836.pdf，最后访问日期：2020 年 9 月 15 日。

② 中华人民共和国环境保护部：《秋季秸秆焚烧污染防控形势严峻》，2015 年 10 月 18 日，中华人民共和国生态环境部官网，http://www.mee.gov.cn/gkml/sthjbgw/qt/201510/t20151018_315105.htm，最后访问日期：2020 年 9 月 15 日。

地达严重污染”“黑龙江再次遭受雾霾天气侵袭”“长春遭遇严重雾霾天气”等。而这严重影响了城市居民的出行和身心健康：由于能见度低，交通事故频发；学生下课只能待在教室里，体育课也在室内上，雾霾严重时，幼儿园、中小学全面停课；房子整天都关着窗户，出门一定要戴口罩；老人、小孩的呼吸系统和循环系统的发病率升高。秸秆焚烧已经严重污染了空气，成为雾霾形成的重要诱因，而且在不知不觉中侵害了城市居民的环境利益。

表 4-2　2015 年 10 月 5~17 日环境卫星和气象卫星监测秸秆焚烧火点情况

排序	省（区、市）	火点数（个）	火点强度（个/千公顷耕地面积）	2014 年同期火点数（个）	与 2014 年同期相比（个）
1	山东	179	0.0241	49	130
2	河南	155	0.0152	305	-150
3	辽宁	110	0.0340	127	-17
4	山西	87	0.0265	42	45
5	安徽	67	0.0101	9	58
6	吉林	60	0.0120	111	-51
7	河北	59	0.0093	20	39
8	湖北	46	0.0105	43	3
9	黑龙江	23	0.0020	64	-41
10	甘肃	21	0.0074	1	20
11	新疆	19	0.0084	5	14
12	内蒙古	13	0.0023	20	-7
13	宁夏	8	0.0104	4	4
14	湖南	4	0.0008	2	2
15	海南	4	0.0096	0	4
16	广西	2	0.0007	1	1
17	陕西	2	0.0007	1	1
18	天津	1	0.0029	1	0
19	江苏	1	0.0002	0	1
20	浙江	1	0.0008	0	1

续表

排序	省（区、市）	火点数（个）	火点强度（个/千公顷耕地面积）	2014年同期火点数（个）	与2014年同期相比（个）
21	北京	0	0.0000	0	0
22	上海	0	0.0000	0	0
23	福建	0	0.0000	0	0
24	江西	0	0.0000	3	-3
25	广东	0	0.0000	0	0
26	重庆	0	0.0000	0	0
27	四川	0	0.0000	0	0
28	贵州	0	0.0000	0	0
29	云南	0	0.0000	0	0
30	西藏	0	0.0000	0	0
31	青海	0	0.0000	0	0
合计/平均		862	0.0076	808	54

注：本统计表中各省（区、市）耕地面积数据来源于2014年中国统计年鉴。

二　问题农副产品流向城市

当前城市正在遭遇严峻的食品安全危机，问题农副产品正在威胁着城市居民的身心健康和生命安全。问题农副产品的出现有两个原因：一是农村为求高产，不科学地使用化肥、农药；二是转移到农村的垃圾和污染企业带来的恶果。很多人认为农村的环境在不断地恶化，而城市的环境在不断改善，生活质量也在不断提高。然而，一个至关重要的问题不容忽视：城乡的物质流动与能量循环是一体的，农村水源、耕地被污染了，当然不可能生产出高质量的农副产品，不仅城市高质量的生活没有保障，甚至城市的食品质量安全也受到很大威胁。

例如，农村生产的问题大米流向城市。粮食安全与能源安全、金融安全并称当今世界三大经济安全。中国的粮食安全问题不在于储备量的足与不足，而在于粮食的质量是否有保障。目前市场上的问题大米有两种情况：一是用陈米反复研磨后，掺进工业原料白蜡油混合而成，其色泽透明，卖相好；二是用被污染过的水进行灌溉或用被污染过的耕地进行耕种生长出来的大米。两种问题大米对人体伤害都非常大，食用后会引起全身乏力、恶心、头晕、头疼等症状，人们长期食用会患上癌症，最终死亡。

第五章　中国城乡环境综合治理难题产生的原因

城乡环境综合治理是社会公平的重要组成部分。城乡发展过程中产生的城乡环境综合治理难题如果处理不好，不仅会危害农村的经济发展、生态安全和农村居民的生存，也会危害城市的现代化建设、环境安全和城市居民的生存，甚至会导致社会的不公平和不稳定。

第一节　中国城乡环境综合治理难题产生的国情因素

任何行为和公共生活的开展都离不开一定的社会环境，都会受时代制约。我国现有的国情是造成城乡环境综合治理难的独特因素，这是无法改变和回避的客观事实。

一　城乡二元结构的限制

中国城乡二元结构特征体现在中国城乡在经济、政治、社会、文化及环境等各个方面的差距上（见图5-1）。长期以来，城乡经济、政治和社会结构的差异为人们所关注。但是，人们却忽略了作为社会经济发展和城乡居民生活必需的公共品——生态环境。城乡环境同样存在二元特征。所谓“城乡二元结构”，是指在城镇化进程中，由于资本、人力、制度等经济、社会要素不断向城市聚集，城乡之间在环境资源领域出现了“非协调”“差异化”的发展状态和趋势。这种现象对区域整体可持续发展进程产生了不利影响。

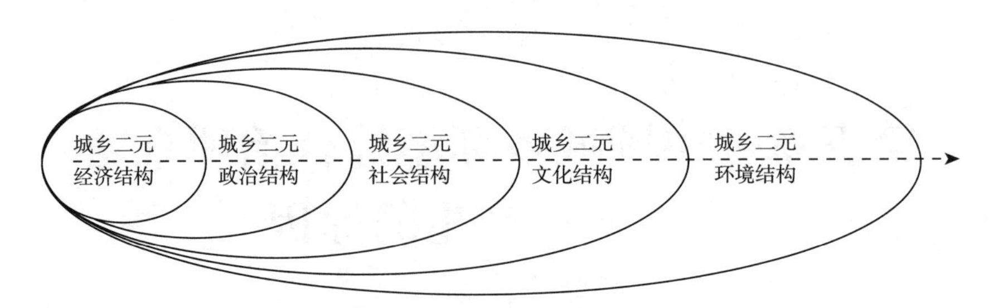

图 5-1　城乡二元结构示意

资料来源：参考吴丰华在博士学位论文《中国近代以来城乡关系变迁轨迹与变迁机理（1840~2012）》中的“近代以来中国城乡二元结构扩展示意”图进行设计。

首先，城乡二元结构导致城乡贫富差异。城乡二元结构将城市和农村置于不对等的经济地位。“以城市为中心”的经济发展使得城市和农村经济发展不平衡，也导致了城乡环境利益的不协调，进而影响城乡环境综合治理的实现。主要体现在以下两方面。

一是城市经济总产值远远高于农村农林牧副渔总产值。在农村，经济总收入不仅包括农业（大农业）、工业、建筑业、商饮业等物质生产部门当年的劳动成果，同时还包括非物质生产部门和非生产性的可用于分配的全部收入。但对绝大多数农村来说，大农业即农林牧副渔是其最重要的经济来源，然而，每年农林牧副渔的总产值对国内生产总值增长的拉动却不高（见图 5-2）。初步核算，2019 年全年国内生产总值为 990865 亿元，比 2018 年增长 6.1%。其中，第一产业增加值为 70467 亿元，增长 3.1%；第二产业增加值为 386165 亿元，增长 5.7%；第三产业增加值为 534233 亿元，增长 6.9%。第一产业增加值占国内生产总值的比重为 7.1%，第二产业增加值的比重为 39.0%，第三产业增加值的比重为 53.9%。[①] 城市创造的经济总量远远高于农村创造的经济总量，城乡

① 中华人民共和国国家统计局：《中华人民共和国 2019 年国民经济和社会发展统计公报》，2020 年 2 月 28 日，中华人民共和国国家统计局官网，http：//www.stats.gov.cn/tjsj/zxfb/202002/t20200228_1728913.html，最后访问日期：2020 年 9 月 15 日。

经济发展悬殊，使得城乡投入环境建设的经费存在较大差距，城乡破坏环境追求经济发展的冲动程度也不同，也就造成了城乡环境二元结构的出现。

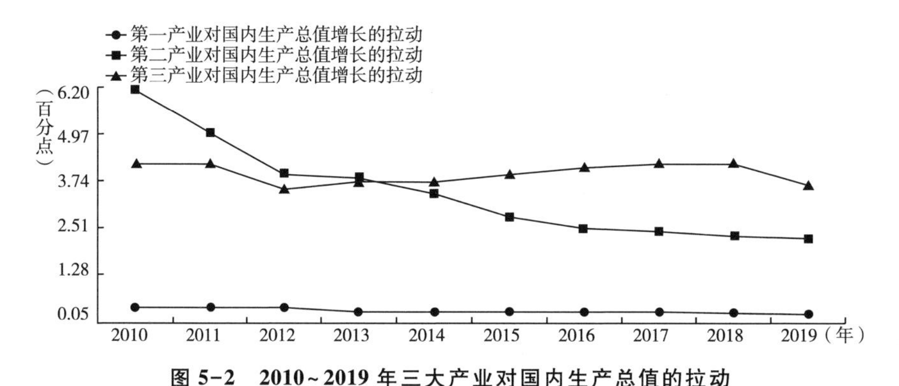

图 5-2　2010~2019 年三大产业对国内生产总值的拉动

资料来源：根据中华人民共和国国家统计局公布的数据整理得来。

二是城市居民的可支配收入远远高于农村居民的可支配收入。在人均可支配收入方面，城市居民也远远高于农村居民。2019 年，“全年全国居民人均可支配收入 30733 元，比上年增长 8.9%，扣除价格因素，实际增长 5.8%。全国居民人均可支配收入中位数 26523 元，增长 9.0%。按常住地分，城镇居民人均可支配收入 42359 元，比上年增长 7.9%，扣除价格因素，实际增长 5.0%。城镇居民人均可支配收入中位数 39244 元，增长 7.8%。农村居民人均可支配收入 16021 元，比上年增长 9.6%，扣除价格因素，实际增长 6.2%。农村居民人均可支配收入中位数 14389 元，增长 10.1%”①。从表面上看，数据都在增长，令人欢欣鼓舞。然而，横向对比城市居民与农村居民的可支配收入后，会发现城乡居民间的可支配收入存在较大差距，农村居民人均可支配收入中位数为 14389 元，城镇居民人均可支配收入中位数比农村居民人均可支配收入中位数

① 中华人民共和国国家统计局：《中华人民共和国 2019 年国民经济和社会发展统计公报》，2020 年 2 月 28 日，中华人民共和国国家统计局官网，http://www.stats.gov.cn/tjsj/zxfb/202002/t20200228_1728913.html，最后访问日期：2020 年 9 月 15 日。

多了24855元，城市居民的人均可支配收入中位数是农村居民的约2.73倍。

城乡间的贫富差距无疑会导致农村居民以环境破坏换取生活改善的短视行为。占中国绝大多数的农村人口面临着巨大的生存压力和改善生活的动力，发家致富的迫切使得农村居民毫不犹豫地选择粗放型的发展模式。具体说来，农村居民有着十分强烈的追求经济增长和收入提高的愿望，但是缺乏远见，缺少人力资本，缺少充裕的发展资金，缺少致富的有效途径，为求生存、求发展，他们中的大多数根本无力顾及生态环境污染控制，走上了"靠山吃山，靠海吃海"的资源消耗型的发展道路，甚至引进污染企业。在第二届中美民间环境组织合作论坛上，国务院发展研究中心的陈锡文同志做了《环境问题与中国农村发展》的主题报告，他在报告中明确指出："无端地指责农村居民没有环保意识，我觉得是不公道的。非常重要的一条是，城乡差距如果不断扩大，农村居民要生存要发展，他有他的选择。这是一个很实在的问题。2000年中国城镇居民人均可支配收入6280元，而农村居民的人均纯收入仅2253元，城乡居民收入比率约2.8∶1。特别严重的是，农村居民的2253元收入，还仅仅是全国的一个平均数。要看到，按省为单位计算，人均收入最低的，除了西藏之外，就是甘肃和贵州。甘肃和贵州的农村居民人均纯收入，目前就是1400多元。它与一些大城市之间的收入差距确实非常大。正是因为他们的收入太低，为了维持自己的生活，往往不得不去破坏环境。"① 陈锡文《环境问题与中国农村发展》中的数据于现今而言属于过时的数据，但它所反映的问题却并不过时。

其次，城乡二元结构导致城乡环境制度差异。城市"米袋子""菜篮子"等生活需求主要由农村提供。为了满足日益增长的城市人口的吃饭需求，也为了获得稳定的经济利润，部分农村长期采取单一式耕种模式；农村居民在利益的驱动下，为了提高产量，盲目使用化肥、农药，

---

① 陈锡文：《环境问题与中国农村发展》，《管理世界》2002年第1期。

极大地破坏了耕地的肥力，此为其一。其二，在环境问题上，部分地方政府对农村“睁一只眼，闭一只眼”，甚至一些地方政府为了 GDP，为了政绩，对污染企业、重污染企业向农村转移开绿灯。执法中，未做到有法必依、执法必严。这不仅不能有效地控制住污染，反而会导致污染源的增加。其三，为建设环境优美的宜居城市，甚至是打造国际型大都市，国家对环境建设项目追加了大量的财力、物力和人力，而承受着现代化发展带来的污染的农村却得不到充足的环境建设经费。其四，我国有关农村环境保护的规范性文件较少，环保机构和工作人员缺失，基础设施十分薄弱。城乡二元结构下国家对农村环境保护重视不够，治理、保护和建设农村环境已是当务之急。

再次，城乡二元结构导致城乡居民环境权差异。学界对环境权的定义有多种观点，但不论具体观点如何不同，它们都具有一个共同点，即环境权是公民平等享有在良好的环境中生存的权利以及平等利用自然资源的权利。城乡二元结构导致的城乡居民在环境权上的差异体现在四个方面。

一是城乡居民环境资源开发利用权的差异。“环境资源开发利用权分别包括自然资源和环境容量的开发利用权。就自然资源开发利用权而言，其研究对象包括传统物权理论及其立法在自然资源开发利用权研究的适用范围和方式，自然资源开发利用权的构造即主体、客体与权能、取得与流转，以及各类自然资源的开发利用权（如取水权、采矿权、采伐权、养殖权等）的类型化等问题；而在环境容量利用权方面，研究对象则包括环境容量利用权存在的理论依据及其权利性质，环境容量利用权的权利构造以及环境容量利用权交易制度（如初始分配、交易规则、交易限制等）的构建。”① 在环境资源的开发利用上，一方面，城市居民因为资金、技术的优势更有机会享受农村各类资源，大部分时候，农村居民只能固守自己的一亩三分田；另一方面，农村居民的短视行为在一

① 汪劲：《环境资源开发利用权研究专题》，《中国地质大学学报》（社会科学版）2014 年第 2 期。

定程度上对城市环境也造成了污染，雾霾就是最好的例子。

二是城乡居民环境状况知情权差异。第一，城乡互联网覆盖率差异大。截至 2015 年 6 月，我国网民规模达 6.68 亿，互联网普及率为 48.8%。城镇地区与农村地区的互联网普及率分别为 64.2%和 30.1%，相差 34.1 个百分点。[①] 城市中各种便捷的交流、沟通渠道则为居民之间交流信息提供了可能，使城市居民能够提前获知与项目有关的信息，如该项目是否对环境、生命健康等具有威胁。以厦门 PX 事件为例，其有 QQ 群“还我厦门碧水蓝天”、小鱼社区、厦门大学公共 WWD 等网络社区作为获取信息的平台。而在信息相对闭塞的农村，想要获取企业或项目的信息相当困难，更不用说利用各种交流工具传达信息、组织活动了。第二，城乡社会精英分布严重冲突。生活于城市中的社会精英，特别是自然科学领域的一些专家学者能够开通各种渠道为城市居民提供与环境或与各类项目有关系的信息咨询服务。农村居民的受教育水平总体较低，农村条件上的弱势既留不住从乡村走出去的社会精英，也很难吸引城市社会精英，想长时间地留住各类社会精英就更难。因此，农村缺乏能长期为农村居民提供与环境相关的各类信息咨询服务和技术帮助的社会人才。

三是城乡居民环境事务参与权差异。信息的流畅程度决定了参与程度。城市居民拥有获取环境信息的各种渠道，当意识到自身利益受到侵害时便会积极活动反对项目落地。在农村，一方面，农村居民由于环保意识淡薄、文化水平较低、信息闭塞，对于建设项目的环境影响了解较少，或是对建设项目中的专业术语看不懂、搞不明白；另一方面，项目的引进、落地较少广泛征求当地村民的意见，农村居民并无多少影响决策的机会，农村居民的环境参与程度较低。

四是城乡居民环境侵害请求权差异。面对污染，城乡居民的反应是不同的。城市拥有较高的教育文化程度、流畅的信息交流渠道、人数众

---

① 《第 36 次中国互联网络发展状况统计报告》，2015 年 7 月 23 日，中华人民共和国国家互联网信息办公室，http://www.cac.gov.cn/2015-07/23/c_1116018727.htm，最后访问日期：2020 年 9 月 15 日。

多的社会精英、较为完善的司法机构，使得城市居民一旦意识到环境利益受到侵害，可以通过合法有效的手段请求停止利益受损，往往也能取得预期的结果。在农村，大部分农村居民较少在第一时间想到采取法律手段保护自己的权益，而是希望政府或村委会出面替他们解决。在索求无门的情况下，农村居民既无奈也愤恨，在这样的情绪的左右下，往往容易被煽动而采取极端方式对抗项目。

二 工业化进程紧迫性的破坏

新中国成立初期的一穷二白、20 世纪 60~70 年代的曲折发展使得中国落后于其他国家。1978 年中国开启改革开放的序幕，然而改革开放初期的中国与其他国家的差距仍然非常大。从世界银行官网获得的数据来看，在 1981 年，中国 GDP 为 194369049162 美元，美国 GDP 为 3210950000000 美元，日本 GDP 为 1201465863139 美元，美国是中国的约 16.52 倍，日本是中国的约 6.18 倍，中国在世界的排名为第 12 位。之后中国大步跨越式前进，用了 28 年的时间于 2009 年赶超日本，成为世界第四大经济实体。一直到现在，中国已经一跃成为世界第二大经济实体，将日本甩在了身后；与美国的差距在很大程度上大大缩小，从 1981 年美国对中国的 16.52 倍缩小到 2014 年的 1.68 倍。然而在取得举世瞩目的成就的同时，“追赶”的紧迫性暴露出了各种问题，影响了城乡环境利益的协调。

工业化进程的“急”严重影响了城乡环境综合治理的实现。这里的“急”指的是发展速度。改革开放以来，中国国内生产总值从 1981 年的 194369049162 美元上升到 2014 年的 10360105247908 美元，再到 2019 年的 14137643214862 美元；2014 年国内生产总值是 1981 年的约 53.30 倍，2019 年国内生产总值是 1981 年的约 72.74 倍。人均国民生产总值从 1981 年的 195.6 美元上升到 2019 年的 10114.8572 美元，2019 年人均国民生产总值是 1981 年的约 51.71 倍。1981~2014 年，国民生产总值增长迅猛，2014~2019 年，国民生产总值增长势头依旧强劲。而美国在此期间，其 2019 年的国内生产总值仅是其 1981 年的约 5.82 倍。中国经济的增长率远远高于美国的经济增长率。然而，改革开放初期中国高速增长的经济是依靠粗放型的经济增长方式，以消耗廉价甚至无价的环境资源为代价的，经济发展的负外部性显而易见，我国农村环境资源长期以来一直处于超负荷运行状态，缺乏对环境后果的估量，产业发展给环境带来的污染没有得到有效治理。

工业化进程的“大”严重影响了城乡环境综合治理的实现。这里的“大”指的是发展规模。发展规模盲目求大，企业数量多，使得政府应接不暇，无法及时有效地监督企业。从 2010 年到 2017 年，每年的企业法人单位数分别为 6517670 个、7331200 个、8286654 个、8208273 个、10617154 个、12593254 个、14618448 个和 18097682 个。[①] “改革激发市场活力，企业总量快速增长。截至 2017 年 9 月，全国实有企业总量 2907.23 万户，注册资本（金）总额 274.31 万亿元，相比 2012 年 9 月底的 1342.80 万户和 80.15 万亿元，分别增长 116.5%和 242.3%。党的十八大以来，全国实有企业数量和注册资本（金）年平均增长率分别为 16.7%和 27.9%，尤其是 2014 年商事制度改革以来，同比增速迈上新台阶，企业数量每年以 20%左右的速度增长。”“全国实有内资企业 2854.96 万户，注册资本 250.94 万亿元，相比 2012 年 9 月底分别增长 119.8%和 266.1%，其中私营企业增长较快，实有企业数量和注册资本分别增长 146.0%和 454.7%，是我国企业发展的生力军；外国（地区）投资企业实有 52.27 万户，注册资本 23.38 万亿元，相比 2012 年 9 月底分别增长 18.8%和 101.4%。”“党的十八大以来企业数量年均增速超过 20%的有 8 个省区，分别为西藏（26.4%）、贵州（23.9%）、山东（21.9%）、广东（21.7%）、河北（21.2%）、安徽（21.0%）、青海

① 查阅国家统计局网站而得。

(20.7%) 和宁夏 (20.1%)。"[①] 规模庞大的企业群以粗陋的方式消耗着大量的农村资源,"三废" 排放污染了城市与农村。

三　庞大的人口总量的冲击

(一) 人口总量庞大与资源环境矛盾加剧

根据国家统计局公布的数据,2019 年末,全国大陆总人口 140005 万人,比 2018 年末增加 467 万人,其中城镇常住人口 84843 万人,占总人口比重 (常住人口城镇化率) 为 60.60%,比 2018 年末提高 1.02 个百分点。农村人口为 55162 万人,占 40.40%。[②] 然而庞大的人口基数导致了人均占有量过低。2019 年中国人均国内生产总值是 70892 元 (10104.477 美元),美国约 6.5 万美元,日本约 4 万美元,分别约是中国的 6.43 倍和 3.96 倍。庞大的人口总量不仅使财富总量在分配过程中被稀释了,而且使资源总量被稀释了。目前,我国人均公园绿地面积为 12.95 平方米,人均水资源为 2079.50 立方米,人均耕地只有 1.5 亩左右,人均森林面积约 0.1521 公顷。[③]

人口寓于资源、环境之中,三者组成一个相互制约的巨大系统。有限的资源、数量庞大的人口导致地区之间和人与人之间利益冲突日益严重,城市与农村、城市居民与农村居民之间环境利益的争夺也将无法避免。为了满足 13.7 亿人口的 "吃饭穿衣" 需要,城市和农村都铆足了劲,加快生产。一方面,城市各类企业开足马力、推陈出新,这必然会出现一些急功近利的行为,掠夺各种资源,造成环境污染;另一方面,

---

① 《党的十八大以来全国企业发展分析》,2017 年 10 月 27 日,中华人民共和国中央人民政府官网,http://www.gov.cn/zhuanti/2017-10/27/content_5234848.htm,最后访问日期:2020 年 9 月 15 日。

② 中华人民共和国国家统计局:《中华人民共和国 2019 年国民经济和社会发展统计公报》,2020 年 2 月 28 日,中华人民共和国国家统计局官网,http://www.stats.gov.cn/tjsj/zxfb/202002/t20200228_1728913.html,最后访问日期:2020 年 9 月 15 日。

③ 根据《2014 中国环境状况公报》计算而得。

农村大量使用农药"虫口夺食"，动用各种技术手段提高产量，大量使用动植物激素、抗生素缩短生长周期，大量使用农膜掠夺土地肥力。

（二）人口集中区与污染严重区高度重合

当前中国人口的情况是人口密度高，人口压力指数大。大部分人口集中在"人口分布地理线"[①]，这条线从黑龙江省瑷珲（1956 年改称爱辉，1983 年改称黑河市）到云南省腾冲，大致为倾斜 45 度的基本直线。线东南方 36%的国土居住着 96%的人口，线西北方人口密度极低。

问题是人口密度越高污染越严重——"人口分布地理线"东南方也是污染严重的地方。以淮河流域为例，淮河流域地处我国东部，介于长江和黄河两流域之间，位于东经 111°55′~121°25′、北纬 30°55′~36°36′，面积为 27 万平方千米，流域内以废黄河为界，分为淮河和沂沭泗河两大水系，面积分别为 19 万平方千米和 8 万平方千米。淮河流域包括湖北、河南、安徽、山东、江苏五省，平均人口密度约为全国平均人口密度的 4 倍，居各大江大河流域人口密度之首。[②] 然而淮河流域水资源污染较为严重。①2014 年，淮河流域国控断面中，无Ⅰ类水质断面，与上年相同；Ⅱ类占 7.5%，同比上升 1.1 个百分点；Ⅲ类占 48.9%，同比下降 4.3 个百分点；Ⅳ类占 21.3%，同比上升 3.2 个百分点；Ⅴ类占 7.4%，同比下降 3.2 个百分点；劣Ⅴ类占 14.9%，同比上升 3.2 个百分点。主要污染指标为化学需氧量、五日生化需氧量和高锰酸盐指数。与上年相比，淮河流域水质无明显变化。②淮河干流国控断面中，无Ⅰ类水质断面，与上年相同；Ⅱ类占 30.0%，同比上升 20.0 个百分点；Ⅲ类占

---

① 人口分布地理线也名为胡焕庸线（Hu Line，或 Heihe-Tengchong Line，或 Aihui-Tengchong Line），是中国地理学家胡焕庸（1901~1998）在 1935 年提出的划分我国人口密度的对比线，最初称"瑷珲—腾冲一线"，后因地名变迁，先后改称"爱辉—腾冲一线""黑河—腾冲一线"。线东南方以平原、水网、丘陵、喀斯特和丹霞地貌为主要地理结构，自古以农耕为经济基础；线西北方是草原、沙漠和雪域高原的世界，自古是游牧民族的天下。因而划出两个迥然不同的自然和人文地域。

② 《中国淮河流域行政区与人口概况》，2016 年 12 月 18 日，OSGeo 网站，https://www.osgeo.cn/post/89314，最后访问日期：2020 年 11 月 10 日。

50.0%，同比下降30.0个百分点；Ⅳ类占20.0%，同比上升10.0个百分点；无Ⅴ类、劣Ⅴ类断面，与上年相同。与上年相比，淮河干流水质有所下降。③主要支流国控断面中，无Ⅰ类水质断面，与上年相同；Ⅱ类占4.8%，同比下降7.1个百分点；Ⅲ类占28.5%，同比上升2.3个百分点；Ⅳ类占31.0%，同比上升7.2个百分点；Ⅴ类占11.9%，同比下降7.2个百分点；劣Ⅴ类占23.8%，同比上升4.8个百分点。与上年相比，淮河支流水质有所下降。主要支流中，洪河为重度污染，涡河为中度污染，颍河、浍河和沱河为轻度污染，浉河、潢河、史河、史灌河和西淝河水质良好。[①] 在淮河流域，Ⅰ类水质断面已经消失，劣Ⅴ类水质断面在上升。

2018年10月《淮河生态经济带发展规划》获得国务院批复，淮河生态经济带发展上升为国家战略，生态环境部淮河流域生态环境监督管理局成立。淮河流域水质这才有了改善。《2019中国生态环境状况公报》显示：淮河流域轻度污染，主要污染指标为化学需氧量、高锰酸盐指数和氟化物。监测的179个水质断面中，Ⅰ～Ⅲ类水质断面占63.7%，比2018年上升6.5个百分点；劣Ⅴ类占0.6%，比2018年下降2.2个百分点。其中，干流水质为优，沂沭泗水系水质良好，主要支流和山东半岛独流入海河流为轻度污染，山东半岛独流入海河流劣Ⅴ类占5.0%。[②]

庞大的人口数量严重冲击着自然环境的承载能力，对粮食、衣物等基本生存条件的巨大需求转化为对农业资源的沉重压力，对工业产品的大量需求导致对矿藏、森林、草原、海洋等生态资源的过度开发，这一切过程又都转化为对环境质量的严重损害。尽管人口因素不是中

---

① 中华人民共和国环境保护部：《2014中国环境状况公报》，2015年6月4日，中华人民共和国生态环境部官网，http://www.mee.gov.cn/gkml/sthjbgw/qt/201506/W020150605383406308836.pdf，最后访问日期：2020年9月15日。

② 中华人民共和国生态环境部：《2019中国生态环境状况公报》，2020年6月，中华人民共和国生态环境部官网，http://www.mee.gov.cn/hjzl/sthjzk/zghjzkgb/202006/P020200602509464172096.pdf，最后访问日期：2020年9月15日。

国城乡环境综合治理难题产生的唯一原因，但确实是一个不可忽视的影响因素。

四 自然禀赋差异的掣肘

萌芽于古希腊时代的地理环境决定论认为自然环境对人类社会、经济、政治等起绝对支配作用，是社会发展的决定因素。虽然人们对这一观点并不完全赞同，但不得不承认的是地理环境差异的确影响了人类社会、经济、政治、环境等方面的发展。城乡之间的自然禀赋差异成为阻碍城乡环境综合治理实现的因素之一。

（一）城乡自然禀赋差异使得城乡环境治理有所不同

城市环境治理和农村环境治理的实质内容是一样的，但在具体内容上还是有所区别。被誉为“钢筋水泥森林”的城市拥有的自然环境更多地体现为各类公园、部分水域，其特点是人为干预性强、面积较小、点状分布；农村的自然环境多为山川湖泊、草原、湿地，其特点是人为干预性弱、面积较大、分布广泛。这一不同也就决定了城乡环境污染情况和环境保护难度有所不同。

一是城乡自然禀赋差异使得城乡环境污染情况有所不同。空气污染、水污染、土地污染、噪声污染是当前生产生活中存在的最基本的四种主要污染形式。这四种污染在城市与农村的情况有所不同：城市以空气污染和噪声污染最为严重，农村则以水污染和土地污染最为严重。产生这一区别的原因在于城乡自然禀赋差异——绝大部分的水和土地在农村。此外，城市的各类公园面积较小、呈点状分布，一旦遭受污染，影响面较小；农村山川湖泊、草原、湿地面积较大、分布广泛，一旦遭受污染，后果不堪设想。

二是城乡自然禀赋差异使得城乡环境保护难度有所不同。城市公园由于面积较小、点状分布，管理和保护都相对容易。以中国最大的城市公园——北京朝阳公园[①]为例。北京朝阳公园南北长约 2.8 公里，东西宽约 1.5 公里，规划总面积为 288.7 公顷，其中水面面积 68.2 公顷，绿地占有率 87%。拥有中央首长植树林、将军林、世界语林等二十多个景点。北京朝阳公园由朝阳区人民政府麦子店街道办事处管辖，设有专门的管理机构和工作人员，定期对公园进行维修和管理。这不是一件难事。而农村的山川湖泊、草原、湿地、沙漠面积较大、分布广泛，管理和保护难度相当大。以内蒙古湿地为例。内蒙古自治区有河流湿地、湖泊湿地、沼泽和沼泽化草甸湿地及库塘湿地，共有湿地 2634 块，确定 100 公顷以上的一般湿地 2616 块，面积 3544922 公顷；符合重点湿地条件的重点湿地 18 块，面积 700126 公顷。[②] 这么多、这么广阔的湿地在管理和保护上难度是相当大的。

（二）城市的“自然资源贫困”与农村的“自然资源困局”

城市的发展受到“自然资源贫困”的制约，而农村的发展却在一定程度上陷入了“自然资源困局”。

一是城市的“自然资源贫困”。城市没有丰富的森林、草原、矿产和水等各类资源，资源的匮乏必然迫使城市通过开采利用自然资源获得发展，这是农村难逃资源厄运的原因之一。如北京、上海已经高度城市化，其城市建设必须利用自然资源。

二是农村的“自然资源困局”。农村自然资源或是被滥用，或是被污染，或是被破坏，陷入了“自然资源困局”，拥有大山、大河的农村并没有因为占据了绝对数量的自然资源而欣欣向荣，反而形成了一系列怪圈。

第一个怪圈：“贫困→开发自然→发家致富→环境脆弱→贫困→环

---

① 北京朝阳公园是一处以园林绿化为主的综合性、多功能的大型文化休憩、娱乐公园，是北京市四环以内最大的城市公园，原称水碓子公园，始建于 1984 年，1992 年更名为北京朝阳公园。

② 群力：《内蒙古自治区湿地概况》，2008 年 7 月 28 日，湿地中国，http://www.shidi.org/sf_5C0E1BDA693A4871AA1758DD03743FA0_151_nmgsd.html，最后访问日期：2020 年 9 月 15 日。

境进一步恶化→更深层次的贫困→……”形成恶性循环，这种恶性循环必然导致经济与环境的“双输”。一些农村虽然自然资源丰富，但由于地处偏僻地区，交通不便，未能实现城市化，农村人口滞留，缺乏有效摆脱贫穷的手段，这些地方只能向自然讨要资源，“靠山吃山，靠海吃海”，甚至采用透支资源与环境的方法维持生计。由于无节制地开发自然，并用粗暴手段滥采滥伐，短期内确实实现了快速发家致富，但不科学的发展方式最终导致资源枯竭、环境恶化，甚至危及身心健康、生命安全，从而又引发贫困。然而除了继续向大自然索取资源以维持生计、摆脱贫困外又没有什么更好的办法，问题是脆弱的生态环境无法支撑无节制地砍伐，初期的发家致富犹如昙花一现，接着又陷入更深的贫困。如山西，丰富的煤矿资源成为山西的经济支柱，然而开采的急功近利和粗暴行为造成了大量的环境污染、人员伤亡，农村居民不仅没有发家致富，反而染病等死，成为环境弱势群体。

第二个怪圈：“贫困→引进污染企业→发家致富→环境恶化→患病或死亡→更深层次的贫困→……”无法有效开采资源的农村心甘情愿地成为污染企业转移的场所。大山、大河资源无法有效开采，村民们发家致富的梦想难以实现。于是，摆脱贫穷、发展经济的强大渴望使得农村（村民）乐见城市将污染性企业内移。村民看到的是企业带来乡村经济增长、解决村民就业问题、个人腰包也鼓起来了，却忽视了企业生产过程中带来的环境污染，这种污染不仅对当地水源、土壤造成污染，甚至会危及村民的身心健康和生命安全。一旦环境污染发生，受污染的水源和土壤难以复原，其带来的疾病将使村民重新陷入贫困之中。于是，便出现这么一个怪圈。

第三个怪圈：“未城市化→垃圾处理场→环境恶化→难以城市化→……”农村与城市相邻，但由于受城市辐射不足、技术落后且城市化发展过于粗放，农村土地逐渐成为建设用地，农村无奈地成为垃圾处理场。目前，垃圾处理方式主要有两种：填埋和焚烧。而填埋和焚烧的场所往往选在城市周边的农村。生产生活垃圾量大且自我消解缓慢，已经远远超过了农村的可承受力。因此呈现这样一种景象：与城市为邻的农村还没有充分享受到城市繁荣带来的好处，未来得及解决自身发展问题，却又陷入了更大的困境——“未城市化→垃圾处理场→环境恶化→难以城市化→……”

第二节　中国城乡环境综合治理难题产生的思想因素

一　对马克思主义城乡差别思想的曲解

（一）马克思认为城乡是有差别的

马克思肯定城乡是有差别的。城市和农村本是矛盾的统一体，城乡差别的产生经历了漫长的历史过程。资本主义制度下不断细化的分工、越来越组织化的管理以及资本的血腥扩张性使“每个工业资本家又总是力图离开资本主义生产所必然造成的大城市，而迁移到农村地区去经营”①，以减少生产成本、获取更加自由的发展空间，使得“资本主义大工业不断地从城市迁往农村，因而不断地造成新的大城市”②。城市的扩张产生了两个方面的后果：一是使很大一部分农村居民走出农村，感受到城市先进文明而脱胎换骨，摆脱了农村生活的愚昧与落后；二是不断扩大的城乡差别使农村屈从于城市的统治。正如恩格斯在《反杜林论》中所说的：“城市和乡村的分离，立即使农村居民陷于数千年的愚昧状况，使城市居民受到各自的专门手艺的奴役。它破坏了农村居民的精神发展的基础和城市居民的肉体发展的基础。”③

---

① 《马克思恩格斯选集》（第3卷），人民出版社，2012，第683页。

② 《马克思恩格斯选集》（第3卷），人民出版社，2012，第683页。

③ 《马克思恩格斯选集》（第3卷），人民出版社，2012，第679页。

（二）中国现代化发展过程中城乡差别被扩大

城市与农村谁也离不开谁。马克思认为城市是重要的，但从来都没有否认农村的作用。无限扩大城乡差别会带来严重的后果："农业工人分散和软弱，而城市工人集中，因此，农业工人的工资降到最低限度。"[①] 资本家利用丰厚的资本掠夺位置便利但价格便宜的土地，运用各种市场工具，提高城市土地价值，农村被相对边缘化。恩格斯描述了16世纪产生的资本主义社会的这种变化："它已经产生了明显的社会弊病：无家可归的人挤在大城市的贫民窟里；一切传统的血缘关系、宗法从属关系、家庭关系都解体了；劳动时间、特别是女工和童工的劳动时间延长到可怕的程度；突然被抛到全新的环境中（从乡村转到城市，从农业转到工业，从稳定的生活条件转到天天都在变化的、毫无保障的生活条件）的劳动阶级大批地堕落了。"[②] 马克思与恩格斯已经看到了城乡差别如果无限扩大将会带来十分可怕的后果。因此，虽然马克思与恩格斯承认城市与农村是有差别的，在一定程度上能产生积极作用，但并不意味着这种差别可以无限扩大。

在中国改革开放过程中，有人曲解了马克思城乡差别思想，错误地认为只要城市漂亮就行，农村可以也应该无条件地服务城市发展；认为城乡差别的存在是马克思与恩格斯已经承认的了，那么中国存在城乡差别也是正常的，而且城乡差别的存在也能发挥一定的积极作用，就不需要考虑统筹城乡发展类似的问题；甚至认为城乡差距已经这么大了，想要拉近两者的距离比登天还难，就不要管了，直接把农村变成城市，把农村居民变成城市居民。这些错误甚至愚昧的思想不仅违背了马克思城乡融合理论，而且严重阻碍了中国共产党提出的"城乡一体化"目标的实现。受到这些错误思想的影响，在实践中，城乡建设的制度性差异使得城乡各种利益关系恶化，甚至激化。城乡环境利益关系被人为地撕裂，

① 《马克思恩格斯全集》（第21卷），人民出版社，2003，第423页。
② 《马克思恩格斯全集》（第25卷），人民出版社，2001，第381页。

过度追求城市的大规模和经济繁华，资源越来越往城市集中，农村越来越被边缘化；城市居民能更多更好地享受各类社会资源和各种权利，农村居民却往往被挤出制度保护圈，要么权利被侵害、被剥夺，要么只能偶尔得到制度的眷顾、城市的垂怜，获得微薄的权利。因此，这种错误思想必须扭转过来。

二　对马克思主义经济发展与环境保护关系的曲解

（一）马克思认为经济发展和环境保护是辩证统一的

马克思在《资本论》中指出："劳动并不是它所生产的使用价值即物质财富的惟一源泉。正像威廉·配第所说，劳动是财富之父，土地是财富之母。"[①] 简单地讲，马克思认为财富与劳动、与土地分不开——劳动和自然资源是经济发展的两个因素。在马克思的理论体系中，经济发展与环境保护从来就没有分开过，"一切生产力都归结为自然界"[②]。人类的生产劳动必须维持在资源和环境的承受能力的范围之内。自然生产力对社会生产力有重要的影响，自然生产力为人类提供生存所必需的各种资料，人类要生存和发展，就必须从自然界获取生产资料，自然再生产能力的强弱直接决定着人类获取生产资料的数量和质量。此其一。其二，自然生产力通过自然的再生产为人类社会的再生产创造劳动资料和劳动对象。假如人类的生产活动破坏了自然资源的存量，自然的再生产能力就会削弱，那么最终自然再生产将滞后于人口再生产和物质资料再生产，自然生产力将阻碍和制约社会生产力的可持续发展，经济再生产也将无法进行。因此，经济发展和环境保护的关系是这样的：人可以利用自然资源发展经济，但也要像好家长那样保护好自然，并留给子孙后代。正如同马克思对未来经济与环境关系的展望那样："从一个较高级的经济的社会形态的角度来看，个别人对土地的私有权，和一个人对另一个人的私有权一样，是十分荒谬的。

① 马克思：《资本论》（第1卷），人民出版社，2004，第56~57页。
② 《马克思恩格斯文集》（第8卷），人民出版社，2009，第170页。

甚至整个社会，一个民族，以至一切同时存在的社会加在一起，都不是土地的所有者。”[①] 在这种“较高级的经济的社会形态”中，人们仅仅是土地的使用者和利用者。“社会化的人，联合起来的生产者，将合理地调节他们和自然之间的物质变换，把它置于他们的共同控制之下，而不让它作为一种盲目的力量来统治自己；靠消耗最小的力量，在最无愧于和最适合于他们的人类本性的条件下来进行这种物质变换。”[②]

马克思还指出了过度的经济发展给环境带来的严重破坏。“资本主义生产使它汇集在各大中心的城市人口越来越占优势，这样一来，它一方面聚集着社会的历史动力，另一方面又破坏着人和土地之间的物质变换，也就是使人以衣食形式消费掉的土地的组成部分不能回归土地，从而破坏土地持久肥力的永恒的自然条件。这样，它同时就破坏城市工人的身体健康和农村工人的精神生活……在现代农业中，像在城市工业中一样，劳动生产力的提高和劳动量的增大是以劳动力本身的破坏和衰退为代价的。此外，资本主义农业的任何进步，都不仅是掠夺劳动者的技巧的进步，而且是掠夺土地的技巧的进步，在一定时期内提高土地肥力的任何进步，同时也是破坏土地肥力持久源泉的进步。一个国家，例如北美合众国，越是以大工业作为自己发展的基础，这个破坏过程就越迅速。因此，资本主义生产发展了社会生产过程的技术和结合，只是由于它同时破坏了一切财富的源泉——土地和工人。”[③]

（二）中国现代化发展过程中经济发展与环境保护矛盾重重

经济发展与环境保护在马克思看来都是相当重要的，甚至马克思更倾向于环境的保护。马克思从来都没提过经济决定论的观点，在《资本论》中，马克思指出：“劳动生产力是由多种情况决定的，其中包括：工人的平均熟练程度，科学的发展水平和它在工艺上应用的程度，生产过程的社

---

① 《马克思恩格斯选集》（第2卷），人民出版社，2012，第641页。

② 马克思：《资本论》（第3卷），人民出版社，2004，第928~929页。

③ 马克思：《资本论》（第1卷），人民出版社，2004，第579~580页。

会结合，生产资料的规模和效能，以及自然条件。"① "劳动首先是人和自然之间的过程，是人以自身的活动来中介、调整和控制人和自然之间的物质变换的过程。人自身作为一种自然力与自然物质相对立。为了在对自身生活有用的形式上占有自然物质，人就使他身上的自然力——臂和腿、头和手运动起来。当他通过这种运动作用于他身外的自然并改变自然时，也就同时改变他自身的自然。"②

在改革开放过程中，有人曲解了马克思经济发展与环境保护的关系，认为经济发展是至关重要的，环境应该为经济发展服务；认为经济发展是当务之急，等经济发展了再考虑环境问题；认为经济发展与环境保护就是水火不容，保护环境肯定会严重阻碍经济发展。这些错误的愚昧的思想不仅违背了马克思关于经济发展与环境保护辩证统一的思想，而且严重阻碍了中国共产党提出的"绿色发展战略"的部署。环境问题是伴随着经济发展而产生、发展的，正因为"劳动生产率是同自然条件相联系的"。长期以来，在短期经济利益的驱动下，人们只考虑城乡经济发展的好，完全忽略了一味追求经济发展速度和发展规模会对大气、土壤、水体和生态系统造成破坏，会对人的身体健康和生命安全造成破坏，导致人与自然关系的对立。忽视环境保护，一味求经济发展，毒害的不仅仅是当代人，还有后代人，这关系到整个民族的存亡。一国之兴衰固然重要，但一国之存亡显得更重要，没有存之国何来兴之国？恩格斯已经在《自然辩证法》中为人类敲响了警钟："我们不要过分陶醉于我们人类对自然界的胜利。对于每一次这样的胜利，自然界都对我们进行报复。"③ 但被欲望蒙蔽的人类听不到当年马克思、恩格斯的谆谆教诲。

---

① 马克思：《资本论》（第1卷），人民出版社，2004，第53页。

② 马克思：《资本论》（第1卷），人民出版社，2004，第207~208页。

③ 《马克思恩格斯选集》（第3卷），人民出版社，2012，第998页。

第三节 中国城乡环境综合治理难题产生的其他主要因素

现实国情是我们无法回避的，但造成当前中国城乡环境综合治理难题的除了国情的制约、思想认识的错误外，还有其他一些十分重要的因素。在改革开放过程中，这些不合理因素阻碍城乡环境综合治理的实现。

一 资本的逐利性

马克思说，“资本只有一种生活本能，这就是增殖自身，创造剩余价值”[①]。资本具有贪婪的本性。“资本由于无限度地盲目追逐剩余劳动，像狼一般地贪求剩余劳动，不仅突破了工作日的道德极限，而且突破了工作日的纯粹身体的极限。”[②] 资本的发展是建立在工人贫困的基础之上的，资本的这种增值方式“是和构成整个这一发展基础的那一部分人口相对立的”[③]。工人在劳动中仅仅获得维持生存的最基本的生活资料，因此马克思说：“资本主义生产比其他任何一种生产方式都更加浪费人和活劳动，它不仅浪费人的血和肉，而且浪费人的智慧和神经。”[④] 而且，正如《资本论》脚注中的一段话说的那样：“一旦有适当的利润，资本就胆大起来。如果有10%的利润，它就保证到处被使用；有20%的利润，它就活跃起来；有50%的利润，它就铤而走险；为了100%的利润，它就敢践踏一切人间法律；有300%的利润，它就敢犯任何罪行，甚至冒绞首的危险。如果动乱和纷争能带来利润，它就会鼓励动乱和纷争。”[⑤] 资本为了增值，是不会主动顾及公平正义的，其扩张的本性必然不会满足于只追逐物质财富，而是会将它的触角伸向政治、文化、社会、环境

---

① 马克思：《资本论》（第1卷），人民出版社，2004，第269页。
② 马克思：《资本论》（第1卷），人民出版社，2004，第306页。
③ 《马克思恩格斯全集》（第35卷），人民出版社，2013，第235页。
④ 《马克思恩格斯全集》（第32卷），人民出版社，1998，第405页。
⑤ 马克思：《资本论》（第1卷），人民出版社，2004，第871页。

等领域。一旦资本占领这些阵地，结果将是相当可怕的：资本一旦侵占政治领域，必然产生政治腐败；资本一旦侵占道德领域，必然造成道德沦丧；资本一旦侵占环境领域，必然引发环境冲突。

在资本的世界里，自然界成为资本增值的客观要素，这就带来了生态危机。在城乡环境利益的博弈过程中，城乡环境利益的冲突很大程度上是城市与农村追求资本最大化使然：城市畏惧于高昂的劳动力资本和运输成本，或将污染性企业转移到农村，或将生产和生活中产生的废弃物转移到农村，或将两者都转移到农村，转嫁生态危机；生产力比较落后、居民文化素质比较低的农村地区为了在较短的时间内提升经济实力，为了追求资本最大化，为了摆脱贫困落后，就必须充分发挥资本增殖的作用，创造更高的生产力和更多的利润。城市与农村在追求各自的财富梦想中要么将自身的环境保护置之不顾，要么将对方的环境保护置之不顾，再加上政府的不作为和乱作为，导致原本脆弱的城乡环境利益关系雪上加霜。恩格斯说："鄙俗的贪欲是文明时代从它存在的第一日起直至今日的起推动作用的灵魂；财富，财富，第三还是财富……"[①]

资本的逐利性引发了城市与农村发展经济的热情，加之急功近利的思想作祟、短期发展成绩的诱惑，城乡掀起了一波又一波的建设高潮。城乡环境治理与保护也就被掩埋在城乡建设的高涨热情中。

（一）城市逐利行为

首先，摊大饼式的扩张行为挤压了农村空间。中国城市化发展先后经历了从低速前行、停滞徘徊到快速发展这几大阶段，城市化水平从1949年的10.64%上升到2006年的43.90%，2012年进一步提高到52.57%。2014年末，全国设市城市653个[②]，城镇常住人口为74916万

---

① 《马克思恩格斯选集》（第4卷），人民出版社，2012，第194页。

② 中华人民共和国住房和城乡建设部：《2014年城乡建设统计公报》，2015年7月3日，中华人民共和国住房和城乡建设部官网，http://www.mohurd.gov.cn/wjfb/201507/t20150703_222769.html，最后访问日期：2020年9月15日。

人，占总人口的比重为54.77%[①]，城市化水平为54.77%。2019年末，中国大陆总人口140005万人，比2018年末增加467万人，其中城镇常住人口为84843万人，常住人口城镇化率为60.60%。同时，城市面积也急剧增加。全国城区面积从2007年的178110.3平方公里增加到2018年的200896.5平方公里，建成区面积从1990年的12856平方公里增加到了2018年的58455.66平方公里，增长了约3.55倍。城市人口密度也由1990年的462人/平方公里增长为2018年的2546.17人/平方公里。截至2018年，全国地级及以上城市共有297个，其中城市市辖区年末总人口为400万以上的地级及以上城市20个，城市市辖区年末总人口为200万~400万的地级及以上城市数42个，城市市辖区年末总人口为100万~200万的地级及以上城市数99个，城市市辖区年末总人口为50万~100万的地级及以上城市数88个。[②] 全国各城市呈摊大饼发展模式，在大中小城市中，有100多个城市以国际化大都市或国际化城市为建设目标，或以CBD（中央商务区）为建设目标。仅1990~2003年，中国31个超级大城市的建成区面积平均增长了近1倍，尤其是经济发展较快的大城市规模急剧扩张更为迅速，如北京、广州、南京、杭州等城市建成区面积扩张了2倍以上。[③] 以北京为例，1998~2013年，北京建成区面积从488.28平方公里增加到了1306.5平方公里，增加了约1.68倍（见图5-3）。由于城市发展缺乏总体规划与统筹考虑，城市功能定位没有体现互补和优化原则，没有完全关照到农村的发展，城市空间不断向外扩大，农村空间不断缩小。

其次，企业基于成本考虑，将厂址选在农村。对于从事经济活动的主体，利润最大化、成本最小化才是他们必须思考的问题。于是在采取经济行为的任何一个阶段，他们都是思考着如何用最少的经济成本去获

---

① 中华人民共和国国家统计局：《2014年国民经济和社会发展统计公报》，2015年2月26日，中华人民共和国国家统计局官网，http://www.stats.gov.cn/tjsj/zxfb/201502/t20150226_685799.html，最后访问日期：2020年9月15日。

② 根据中华人民共和国国家统计局官网数据整理而得。

③ 智静、高吉喜：《城乡统筹环境保护问题分析与对策》，《中国发展》2008年第4期。

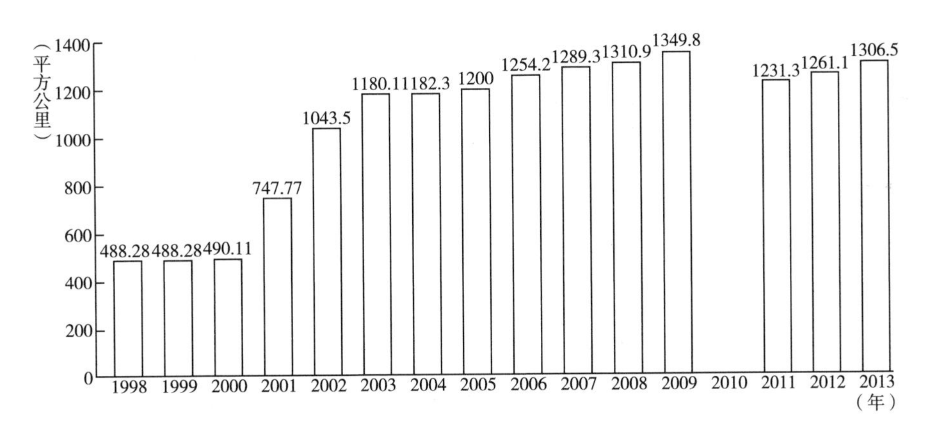

图 5-3　1998~2013 年北京建成区面积情况

注：《2011 年中国统计年鉴》中没有 2010 年北京建成区面积数据。

资料来源：根据中华人民共和国国家统计局 1999~2014 年《中国统计年鉴》整理而得。

得最大的经济利益。企业的最终目标在于自己收益的最大化，因此，企业厂址的选择最主要考虑的是如何降低成本。为了降低运输与储存成本，企业最理想的厂址所在地便是方便处理废弃物且土地价格又低的地方；或是将厂址选在污染发生时所花费的赔偿金额最少的地方。基于这样的考虑，垃圾场、焚化炉、“三废”排放口等“不受欢迎”设施往往选择在低收入社区，农村自然而然成了企业“最中意的对象”。因为当污染发生时，赔偿金的高低是以居民的收入与该处房价为赔偿基准的，如果污染地在农村，赔偿对象便是农村居民，这样企业所需承担的赔偿金额就相对较少，承担的风险自然而然也就比较小。再加上出于信息不对称等各方面原因，农村居民相比较于城市居民一般比较容易接受污染企业，一旦发生污染事件，农村居民只要获得一定的赔偿金，往往就不再追究企业责任。此其一。其二，政府职能部门制定较高标准的环境保护规制和处罚条款，对企业生产全过程、职工工作环境等都进行严格监管，这无疑会大大加大企业的生产成本，因此农村地区便成了污染性企业或污染设备的最好去处。而这严重影响了城乡环境综合治理的实现。

再次，居民的“邻避效应”（Not-In-My-Back-Yard，音译为“邻避”，意为“不要建在我家后院”）将垃圾场推向农村。“邻避效应”是指居民或当地单位因担心建设项目（如垃圾场、核电厂、殡仪馆等邻避设施）对身体健康、环境质量和资产价值等带来诸多负面影响，滋生嫌恶情结，产生“不要建在我家后院”的心理，采取强烈的和坚决的、有时高度情绪化的集体反对甚至抗争行为。大多数居民不愿承受“以我为壑”的污染成本，担心垃圾场、污染企业的兴建对自身健康及生命安全构成巨大威胁，坚决反对垃圾场、污染企业建在自己的周边，进而衍生出对政府引进项目的集体抵制，迫使项目另选他址，这阻碍了城乡环境综合治理的实现。

（二）农村逐利行为

首先，农村“我要发展”的冲动导致“逐臭现象”。农村地区对经济发展的主观欲求和客观需求较城市地区更多。人在进行经济活动时，总是精于计算并力求最大化自己的利益。改革开放以来，城市经济发展迅速，农村经济却蹒跚向前，“我要发展”的经济诉求就成了乡镇官员和农村居民的最高价值取向，农村就各显神通并盘算着如何在短时间内实现利益最大化，于是就会出现以牺牲资源和环境为代价来换取经济一时发展的行为：资源丰富的农村出卖资源，欢迎各类企业甚至是没有资质的企业入驻，开采开发资源；资源贫瘠的农村则出卖廉价劳动力，欢迎各类企业甚至是污染企业在农村投资建厂，环保一再被边缘化。农村一旦寻找到能致富的项目就把环保问题放到脑后，在引进、兴办乡镇企业之初就默认了环境污染和破坏。然而，出卖资源的农村没有意识到资源总会耗尽，留下的穷山恶水不仅会使自己深受其害，而且也会影响子孙后代的生存；出卖劳动力的农村没有意识到生命价值的崇高，一时的劳动所得远远不及企业违规排污致使其患病所耗费的医疗费用和精神损失。

其次，农村居民“我要致富”的冲动导致城市食品安全危机。与紧迫性的经济利益相比，农村环境利益是一种相对远期的、间接的、非紧迫性的利益。当经济利益与环境利益发生冲突时，只要环境利益还没有对农村居民构成直接威胁，农村居民就会首先选择经济利益而不是环境利益。在“我要致富”的诱惑下，农村居民采用不科学的生产方式生产出低质量甚至有毒的农副产品，严重威胁到了城市居民的生活食品安全。如大量使用化肥。中国的化肥年使用量是相当惊人的，“化肥年使用量4637万吨，按播种面积计算达40吨/平方公里”[①]。为防止化肥对土壤和水体造成危害，发达国家设置了安全上限。以这一安全上限为基准，我国超过了17.5吨/平方公里。如大量施用农药。以广东为例，“广东农药施用量每公顷高达40.27公斤，是中国平均施用量的3.44倍，是发达国家对应限值的5.75倍”[②]。土壤是农药的“贮藏库”，施入农田的农药除了少部分被农作物吸收外，大部分残留于土壤环境介质中。我国每年的农药使用量超过100万吨，一些常用农药或是含有甲胺磷、久效磷等碱酯酶抑制剂，对人以及其他生物都具有较强的毒性；或是虽然急性毒性较低，但却有较强的慢性毒性，施用后会造成更严重的潜在危害。再如滥用农膜。当前农膜滥用现象非常普遍，使用面积已超过亿亩，但近一半的农膜没有被有效利用；残膜常常依附在土壤表层并下渗到30厘米处的耕作层，这不仅破坏了土壤结构、降低了土壤肥力，而且阻碍了地下水下渗和农作物根系对水的吸收。不仅如此，残膜在阳光暴晒、雨水侵袭的作用下会析出有毒物质（铅、锡、酞酸酯类化合物等），对土壤造成更严重的污染。

二　政府的缺位

先天的不公平是客观存在的，后天的不公平却往往是政策差别待遇的结果。

---

① 王立彬：《土地利用如何摆脱中国式悖论》，《半月谈》2010年11月5日。

② 《广东省常委会发布“农村环境污染治理调研报告”》，2013年9月24日，中国农药网，http://www.nongyao168.com/Article/1016321.html，最后访问日期：2020年9月15日。

（一）城乡环境保护监管机构设置的差距

在我国，与环境保护、环境治理有关的职能部门主要有生态环境部、自然资源部及水利部门、农业部门、林业部门等。“2015 年，全国环保系统机构总数 14812 个。其中，国家级机构 45 个，省级机构 398 个，地市级环保机构 2319 个，县级环保机构 9154 个，乡镇环保机构 2896 个。各级环保行政机构 3181 个，各级环境监察机构 3039 个，各级环境监测机构 2810 个。全国环保系统共有 23.2 万人。其中，环保机关人员 5.7 万人，占环保系统总人数的 24.6%；环境监察人员 6.6 万人，占环保系统总人数的 28.6%；环境监测人员 6.2 万人，占环保系统总人数的 26.5%。”① 当前我国已建立相对健全的环境保护行政体系：在全国人民代表大会及常务委员会的监督下，在国务院的领导下形成两条管理线：一条是设立环境保护行政主管部门，国家生态环境部——省生态环境局——市生态环境局——县（区）生态环境局——大中型企事业单位及其环保机构、小型企事业、乡镇街道企业、公民的管理体系；另一条是政府环境保护相关部门，各部委环保部门——省政府有关部门环保处（室）——市政府有关部门环保处（室）——县（区）政府有关部门环保处（室）（见图 5-4）。整个体系实行条块管理：各级环境保护行政主管部门和各级政府相关部门环保处（室）自上而下形成条条管理；环境保护行政主管部门指导同一级政府有关部门环保处（室）的业务工作，形成块块管理；国务院负责全国范围内的环境安全保障工作，地方各级人民政府负责辖区内的环境安全保障工作并为本级生态环境部门提供人力、财力和物力支持，实行块块管理。自上而下、自左而右的监管体制有利于确保环境保护工作顺利开展。

然而，当前机构设置止于县（区）一级，城市有着较为完整的环境保护管理机构，县级以下政府基本没有专门的环境管理保护机构和工作

① 《2015 环境统计年报》，2017 年 2 月 23 日，中华人民共和国生态环境部官网，http://www.mee.gov.cn/hjzl/sthjzk/sthjtjnb/201702/P020170223595802837498.pdf，最后访问日期：2020 年 9 月 15 日。

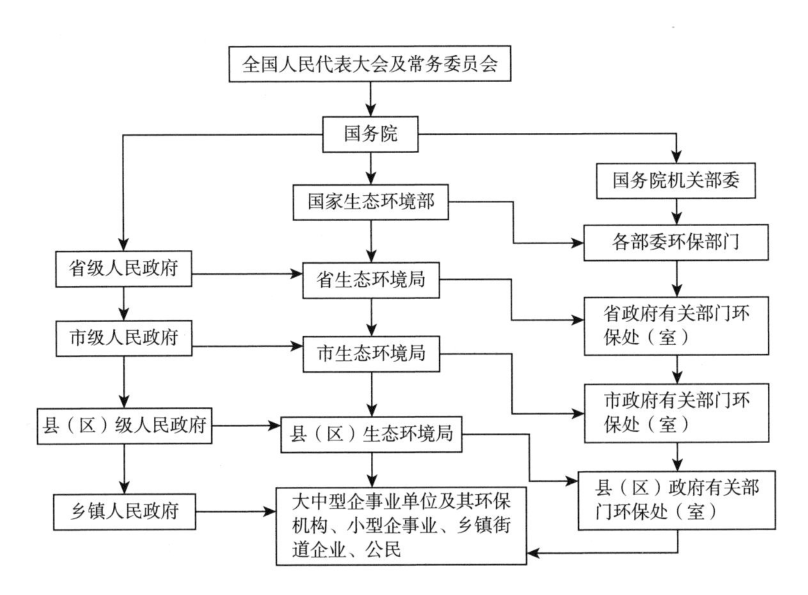

图 5-4　我国环境保护行政体制系统

资料来源：罗文君：《论我国地方政府履行环保职能的激励机制》，博士学位论文，上海交通大学，2012，第 23 页。

人员，即使在“七站八所”[①] 里也找不到环境保护专门机构的影子，只有为数不多的乡镇设有环保办公室、环保助理或环保员。农村环保工作分散在林业局、农业局、城管办及水利等部门，由于部门职责、管理的差异，部门间职责权限划分不清，难以进行有效的综合管理；再加上环境管理队伍力量薄弱，一旦出现污染事件，常常互相推诿。当前部分农村缺乏高质量的环境质量监测仪器设备，无法准确了解农村环境状况，更不了解是否存在环境污染。不仅如此，农村居民缺乏必要的环境知识和维权意识，农村环境保护咨询也甚少。农村环境保护管理机构的不健

---

① 所谓“七站八所”，是指县、市、区及上级部门在乡镇的派出机构。这里的“七”和“八”都是概数，并非确数。主要有：一是乡镇直属事业站（所），包括司法所、房管所、农机站、农技站、水利站、城建站、计生站、文化站、广播站、经管站、客运站等；二是县直部门与乡镇双层管理的站（所），包括土管所、财政所、派出所、林业站、法庭、卫生院等；三是“条条管理”的机构，包括国税分局（所）、邮政（电信）所、供电所、工商所、信用社等。“七站八所”现已根据职能分别合并为乡镇经济发展服务中心和乡镇社会发展服务中心。

全也就意味着农村缺乏维护其环境利益的强势主体，在与城市的环境利益博弈中必然处于弱势地位。2011～2015年环保行政机构、环境监察机构、环境监测站年末实有人员情况如表5-1所示。

表5-1 环保行政机构、环境监察机构、环境监测站年末实有人员情况

年份	年末实有人数/人	环保行政机构		环境监察机构		环境监测站	
		实有人数/人	占本级人员总数比例/%	实有人数/人	占本级人员总数比例/%	实有人数/人	占本级人员总数比例/%
2011	201161	46128	22.9	64426	32.0	56226	28.0
2012	205334	53286	26.0	61081	29.7	56554	27.5
2013	212048	52845	24.9	62696	29.6	57884	27.3
2014	215871	52189	24.2	63389	29.4	59165	27.4
2015	232388	57061	24.6	66379	28.6	61668	26.5
国家级	3023	362	12.0	542	17.9	182	6.0
省级	15830	3920	24.8	1417	9.0	3143	19.9
地市级	49973	10796	21.6	10176	20.4	17259	34.5
县级	146696	41983	28.6	54244	37.0	41084	28.0

资料来源：《2015环境统计年报》，2017年2月23日，中华人民共和国生态环境部官网，http://www.mee.gov.cn/hjzl/sthjzk/sthjtjnb/201702/P020170223595802837498.pdf，最后访问日期：2020年9月15日。

（二）环境监管执法力度不足

2014年11月27日，国务院办公厅正式公布《关于加强环境监管执法的通知》，要求着力强化环境监管，“各省、市、县级人民政府要确定重点监管对象，划分监管等级，健全监管档案，采取差别化监管措施；乡镇人民政府、街道办事处要协助做好相关工作。各省级环境保护部门要加强巡查，每年按一定比例对国家重点监控企业进行抽查，指导市、县级人民政府落实网格化管理措施。市、县两级环境保护部门承担日常环境监管执法责任，要加大现场检查、随机抽查力度。环境保护重点区域、流域地方政府要强化协同监管，开展联合执法、区域执法和交叉执法”[①]。对各类环境违法行为“零容忍”，重拳打击违法排污，严厉处罚偷排偷放等五类恶意违法行为，将违法企业列入“黑名单”并向社会公开。由此，各地环境监管执法工作取得了显著成效。

相比较而言，农村环境执法问题仍比较突出。环境利益问题的复杂性、生产工艺流程的差异性、部分农村地理位置的特殊性和致污手段的隐蔽性使得环境部门在执法过程中仍存在一些问题，如部分环境执法“以罚代管”，监管部门“力量割裂”；公安、水利、农业、卫生等行政部门都具有一定的环境管理职权，执法主体之间缺乏协调配合，造成一些环境问题积重难返；群体性环境事件风险评估不足，阻碍环境监管执法的“土政策”仍存在；监管过程和效果缺乏成本—效益分析；监管执法人员没有受过专业的、系统的监管培训，专业人才缺乏，导致无法快速有效辨别污染原因，制止污染……这些都在一定程度上影响了环境监管执法的有效性。而环境监管执法力度不足，也影响了农村环境治理的进度，进而影响城乡环境综合治理的实现。

（三）城乡环境治理投资差异

环境问题的恶化也引起了中央政府的高度重视，政府对环境污染治理的总投资额不断增加。如在农村环境治理上，2008 年 7 月，国务院提出“以奖促治”的政策举措，设立 15 亿元的村镇环境保护专项资金，支持 2160 多个村镇开展环境综合整治和生态建设；2010~2012 年，国家继续投入 120 亿元资金用于村镇和农村连片防治工作，大大推进我国村镇环境保护的进程。然而农村环境治理投资与城市环境治理投资相比，仍有较大差距。

---

① 《国务院办公厅关于加强环境监管执法的通知》，2014 年 11 月 27 日，中华人民共和国中央人民政府官网，http：//www. gov. cn/zhengce/content/2014-11/27/content_9273. htm，最后访问日期：2020 年 11 月 10 日。

一是城乡环境污染治理投资差异。环境污染治理投资包括老工业污染源治理投资、建设项目“三同时”[①] 环保投资、城市环境基础设施建设投资3个部分。2015年，我国环境污染治理投资总额为8806.3亿元，占国内生产总值（GDP）的1.3%，占全社会固定资产投资总额的1.6%，比2014年降低8个百分点。其中，城市环境基础设施建设投资4946.8亿元，老工业污染源治理投资773.7亿元，建设项目“三同时”环保投资3085.8亿元，分别占环境污染治理投资总额的56.2%、8.8%和35.0%。2015年，我国污染治理设施直接投资总额为4694.2亿元，占污染治理投资总额的53.3%，其中城市环境基础设施建设投资、老工业污染源治理投资和建设项目“三同时”环保投资分别占污染治理设施直接投资的17.8%、16.5%和65.7%。建设项目“三同时”环保投资是污染治理设施直接投资的主要来源。2015年，环境治理设施直接投资比2014年减少3.1%。其中，城市环境基础设施投资中污染治理设施直接投资增加13.6%，老工业污染源治理投资减少22.5%，建设项目“三同时”环保投资基本与2014年持平。[②]

从表5-2中，我们可以清楚地看到城市基础设施建设投资的金额，却无法直观地看出关于农村环境治理的具体数据。从2012年起，城市环境基础设施建设投资不仅包括城市的环境基础设施建设投资，还包括县城的相关投资。2014年，农村投入污水处理的资金仅为63.8亿元，垃圾处理的资金仅为63.1亿元。[③]

---

① “三同时”制度：建设项目中防治污染的设施，应当与主体工程同时设计、同时施工、同时投产使用。（根据我国2015年1月1日开始施行的《环境保护法》第41条规定）

② 《2015环境统计年报》，2017年2月13日，中华人民共和国生态环境部官网，http://www.mee.gov.cn/hjzl/sthjzk/sthjtjnb/201702/P020170223595802837498.pdf，最后访问日期：2020年9月15日。

③ 中华人民共和国环境保护部：《2014中国环境状况公报》，2015年6月4日，中华人民共和国生态环境部官网，http://www.mee.gov.cn/gkml/sthjbgw/qt/201506/W020150605383406308836.pdf，最后访问日期：2020年9月15日。

表 5-2　我国污染治理设施直接投资情况

年份	污染治理设施直接投资/亿元	城市环境基础设施建设投资	老工业污染源治理投资	建设项目“三同时”环保投资	占当年环境污染治理投资总额的比例/%	占当年GDP 的比例/%
2011	3076.5	519.7	444.4	2112.4	51.1	0.65
2012	3702.1	511.2	500.5	2690.4	44.9	0.71
2013	4388.7	574.5	849.7	2964.5	48.6	0.77
2014	4846.4	734.8	997.7	3113.9	50.6	0.76
2015	4694.2	834.7	773.7	3085.8	53.3	0.68
变化率/%	-3.1	13.6	-22.5	-0.9	—	—

注：从 2012 年起，城市环境基础设施建设投资不仅包括城市的环境基础设施建设投资，还包括县城的相关投资。

资料来源：《2015 环境统计年报》，2017 年 2 月 23 日，中华人民共和国生态环境部官网，http：//www.mee.gov.cn/hjzl/sthjzk/sthjtjnb/201702/P020170223595802837498.pdf，最后访问日期：2020 年 9 月 15 日。

二是城乡环境基础设施投资差异较大。“2015 年，城市环境基础设施建设投资总额 4946.8 亿元，比 2014 年减少 9.5%。其中，燃气工程建设投资 463.1 亿元，比 2014 年减少 19.3%；集中供热工程建设投资 687.8 亿元，比 2014 年减少 9.9%；排水工程建设投资 1248.5 亿元，比 2014 年增加 4.4%；园林绿化工程建设投资 2075.4 亿元，比 2014 年减少 11.3%；市容环境卫生工程建设投资 472.0 亿元，比 2014 年减少 20.3%。燃气、集中供热、排水、园林绿化和市容环境卫生投资分别占城市环境基础设施建设总投资的 9.4%、13.9%、25.2%、42.0% 和 9.5%，园林绿化和排水设施投资为城市环境基础设施建设投资的重点。”① 2014 年农村投入环境卫生的资金达到 169.9 亿元，其中垃圾处理的资金为 63.1 亿元②，真正用到环境基础设施建设的可能就 106.8 亿元。

① 《2015 环境统计年报》，2017 年 2 月 23 日，中华人民共和国生态环境部官网，http：//www.mee.gov.cn/hjzl/sthjzk/sthjtjnb/201702/P020170223595802837498.pdf，最后访问日期：2020 年 9 月 15 日。

② 中华人民共和国环境保护部：《2014 中国环境状况公报》，2015 年 6 月 4 日，中华人民共和国生态环境部官网，http：//www.mee.gov.cn/gkml/sthjbgw/qt/201506/W020150605383406308836.pdf，最后访问日期：2020 年 9 月 15 日。

这与2013年的城市环境基础设施建设投资金额（5223.0亿元）（见表5-3）差距相当大。

表5-3 全国近年城市环境基础设施建设投资构成

单位：亿元

年份	投资总额					
		燃气	集中供热	排水	园林绿化	市容环境卫生
2005	1289.7	142.4	220.2	368.0	411.3	147.8
2010	4224.2	290.8	433.2	901.6	2297.0	301.6
2011	3469.4	331.4	437.6	770.1	1546.2	384.1
2012	5062.7	551.8	798.1	934.1	2380.0	398.6
2013	5223.0	607.9	819.5	1055.0	2234.9	505.7
变化率/%	3.2	10.2	2.7	12.9	-6.1	26.9

注：从2012年起，城市环境基础设施建设投资不仅包括城市的环境基础设施建设投资，还包括县城的相关投资。

资料来源：《2015环境统计年报》，2017年2月23日，中华人民共和国生态环境部官网，http://www.mee.gov.cn/hjzl/sthjzk/sthjtjnb/201702/P020170223595802837498.pdf，最后访问日期：2020年9月15日。

总之，政府环境污染治理投资的结构明显不合理，长期以来，城市环境治理与农村环境治理相对处于分立的环境治理供给体制中，城市环境保护资金主要来自各级政府财政拨款，用于农村的专项治理排污费和其他环境管理建设资金较少，缺乏充足环境治理经费的农村难以建立起完善的环境保护基础设施，难以及时有效处理越来越多的污染源和越来越严重的污染。

三 对科学技术的盲目崇拜

科学技术本质上发挥着承载人类文明的社会功能，拓展人类可触及的领域，加深人类对自然界的认识，改善支撑着人类物质生活和精神生活的技艺。特别是科技革命以来，科学技术开始“大踏步地前进”。自然界就像一个聚宝盆，人类借助于科学技术撬开了“聚宝盆”的盖子，不断地挖掘自然甚至宇宙的各种潜力，如 2012 年 7 月，“蛟龙”号在马里亚纳海沟试验海区下潜了 7062 米，创造了中国载人深潜新纪录；2013 年 6 月，“神舟十号”载人飞船与天宫一号对接；2014 年，我国天然气新增储量首次突破万亿立方米等。在科学技术的帮助下，人们获得了无数的知识与很大的进步：2019 年，嫦娥四号首次登陆月背，工信部发放 5G 牌照，“捷龙一号”首飞成功，中科院发现迄今最大黑洞，华为发布鸿蒙操作系统……然而，科学技术是一把双刃剑，现代科技发展带来了社会文明进步、良好的物质生活的同时，也带来了环境污染、资源枯竭、气候变化等诸多矛盾和其他潜在的危害。《寂静的春天》一书写道：“现在，这些药物贮存于绝大多数人体内，而无论其年龄之长幼……这些现象之所以会产生，是由于生产具有杀虫性能的人造合成化学药物的工业突然兴起，飞速发展。”①

人类沉醉于科学技术带来的富丽堂皇，迷信于科学技术可以解决一切环境问题，而忘了文明人跨过地球表面，在他们的足迹所过之处留下一片荒漠。现代人类对技术科学技术过度崇拜，盲目地认为既然科学技术无所不能，凭借科学技术就一定能进入无限美妙的理想王国，或者天真地认为科学技术无所不能，自然被破坏了也没关系，科学技术可以修复一切环境创伤，甚至认为可以再造一个地球。但遗憾的是，虽然科学技术不断推陈出新，却不能让工具理性变成万能钥匙，在某些环境治理问题上，科学技术的工具价值发挥不了作用。如果不正视这一问题，那么“这个世界系统的未来注定要增长，然后崩溃为凄凉的和枯竭的生活”②。

曾经让世人引以为傲的核电站也在一声声核爆炸声中引发了恐慌。1986 年 4 月 26 日，苏联统治下乌克兰境内切尔诺贝利核电站的核子反应堆发生大爆炸。绿色和平组织基于白俄罗斯国家科学院的数据研究发现

---

① 〔美〕蕾切尔·卡逊：《寂静的春天》，邓延陆编选，湖南教育出版社，2009，第 35 页。

② 〔美〕德内拉·梅多斯、乔根·兰德斯、丹尼斯·梅多斯：《增长的极限》，李涛、王智勇译，机械工业出版社，2013，第 76 页。

受害者总计达9万多人，随时可能死亡；一位来自绿党的欧洲议会会员Rebecca Harms，于2006年撰写一份名为《TORCH》的切尔诺贝利核事故报告，指出："从辐射尘飘散的分布来看，白俄罗斯（其国土的约22%）和奥地利（13%）是最受辐射尘污染的地区。其他国家，例如乌克兰（5%）、芬兰和瑞典皆受到高程度上的污染（污染程度：>40000 Bq/m，铯-137）。更有80%的辐射尘飘至摩尔多瓦和欧洲的土耳其、斯洛文尼亚、瑞士。而斯洛伐克则受到较低程度上的污染（污染程度：>40000 Bq/m，铯-137）。另外，德国44%和英国34%境内地区均受辐射尘的污染。"时至今日，爆炸引发的环境污染仍旧存在。科学技术对此也无能为力。

再如土壤污染，目前的科学技术也很难在短时间内有效地清除土壤中的有毒物质。土壤由于自身的特性，可接纳一定的污染，具有缓和和减少污染的自净能力。但土壤不易流动，自净能力十分有限。当前土壤的主要污染物包括无机污染物（如重金属、酸、盐等）、有机农药（如化肥、杀虫剂、除莠剂等）、有机废弃物（如生物可降解或难降解的有机废物等）、污泥、矿渣和粉煤灰、放射性物质、寄生虫、病原菌。其中，一些污染物质（如少部分的农药）通过雨水冲刷可以稀释，然而大部分污染物质（如重金属）一旦污染土壤将很难化解，目前也没有有效的科学技术消除土壤中的重金属。

环境与科技关系密切，科技可以帮助人类利用且改造自然环境，但科学技术不是万能的。现实中，环境污染的治理、生态平衡的恢复已经遭遇到了技术困境。人类已经不可能回到"刀耕火种"的时代，那么就只能好好地爱护自然，否则环境恶化，人类将陷入水深火热之中。只有正确认识科学技术的作用、合理地利用科学技术，才能创设更舒适宜人的环境，创建更美好的未来。

四　城乡环境保护法治的欠缺

城乡环境综合治理难题产生的一个主要原因便是城乡环境保护法治

方面的差异。我国的环境保护工作从规范性文件到具体的技术和标准，主要是服务于城市和城市工业。

从宏观层面上看，当前我国已制定多部环境保护规范性文件，如《中华人民共和国环境保护法》《中华人民共和国海洋环境保护法》《中华人民共和国森林法》等环境保护法律，还有环境保护行政法规、部门规章、国家环境标准（具体可见附录）。一是这些规范性文件大多以防治城市环境污染为主要目标。以 2003 年 7 月 1 日起施行的《排污费征收使用管理条例》（以下简称《条例》）为例。《条例》中第一章第二条规定："排污者向城市污水集中处理设施排放污水、缴纳污水处理费用的，不再缴纳排污费。排污者建成工业固体废物贮存或者处置设施、场所并符合环境保护标准，或者其原有工业固体废物贮存或者处置设施、场所经改造符合环境保护标准的，自建成或者改造完成之日起，不再缴纳排污费。国家积极推进城市污水和垃圾处理产业化。城市污水和垃圾集中处理的收费办法另行制定。"① 二是作为专门的自然资源保护法律，很少涉及对农村乡镇企业排污的规定和农业生产技术规范，没有为农村环境保护提供完整的立法依据。当前我国农村环境保护立法工作尚处于起步阶段，农业环境保护法律、法规条款部分分散在其他法律法规中，基础较为薄弱，没有一部独立的农业环境保护的法律、法规来统领农村环境保护建设。仅有的规范性文件以技术性规范文件居多，如原环保部颁布的《畜禽养殖污染防治最佳可行技术指南》《畜禽养殖业污染治理工程技术规范》《农业固体废物污染控制技术导则》，原农业部颁布的《畜禽场环境质量及卫生控制规范》《畜禽场环境污染控制技术规范》《规模化畜禽养殖场沼气工程运行、维护及其安全技术规程》等规范性文件，层次较低，数量较少。

从微观层面上看，所制定的法律条款中绝大部分与城市环境治理有

① 《排污费征收使用管理条例》，2003 年 1 月 2 日，中华人民共和国中央人民政府官网，http：//www.gov.cn/gongbao/content/2003/content_62565.htm，最后访问日期：2020 年 11 月 10 日。

关，与农村环境治理相关的法律条款较少，内容较为简单。2016 年 1 月 1 日施行的《中华人民共和国大气污染防治法》共 8 章 129 条，“城市”出现 19 次，“县级以上人民政府”出现 23 次，“农村”出现 1 次，“农业”出现 10 次，其中明确涉及城市环境保护部分的条款至少有 13 条，如第十五条：“城市大气环境质量限期达标规划应当向社会公开。直辖市和设区的市的大气环境质量限期达标规划应当报国务院环境保护主管部门备案。”[①] 第七十条：“城市人民政府应当加强道路、广场、停车场和其他公共场所的清扫保洁管理，推行清洁动力机械化清扫等低尘作业方式，防治扬尘污染。”[②] 与农业有关的条款主要集中在第五节“农业与其他污染治理”的第七十三条到第七十六条，主要讲的是“加强对农业生产经营活动排放大气污染物的控制”[③]，并没有涉及农村环境治理与保护。2008 年 6 月 1 日施行的《中华人民共和国水污染防治法》共有 8 章 92 条，“城镇”出现 25 次，“农村”出现 2 次，“农业”出现 6 次，“城镇水污染防治”与“农业和农村水污染防治”均单独一节，分列第三节和第四节，但“城镇水污染防治”一节字数为 659 个字，并且有明确的主管部门和较为详细的污水防治方法；而“农业和农村水污染防治”一节为 389 个字，只是笼统地要求农业生产、畜禽养殖要合理，防止污染水环境。[④] 2005年 4 月 1 日施行的《中华人民共和国固体废物污染环境防治法》共 6 章 91 条，“城市”出现 12 次，“农村”出现 1 次，“农业”

---

① 《中华人民共和国大气污染防治法》，2015 年 9 月 6 日，中华人民共和国生态环境部官网，http://www.mee.gov.cn/home/ztbd/rdzl/gwy/wj/201509/t20150906_309355.shtml，最后访问日期：2020 年 9 月 15 日。

② 《中华人民共和国大气污染防治法》，2015 年 9 月 6 日，中华人民共和国生态环境部官网，http://www.mee.gov.cn/home/ztbd/rdzl/gwy/wj/201509/t20150906_309355.shtml，最后访问日期：2020 年 9 月 15 日。

③ 《中华人民共和国大气污染防治法》，2015 年 9 月 6 日，中华人民共和国生态环境部官网，http://www.mee.gov.cn/home/ztbd/rdzl/gwy/wj/201509/t20150906_309355.shtml，最后访问日期：2020 年 9 月 15 日。

④ 《中华人民共和国水污染防治法》，2015 年 3 月 1 日，中华人民共和国国务院新闻办公室官网，http://www.scio.gov.cn/xwfbh/xwbfbh/wqfbh/2015/20150331/xgbd32636/Document/1397628/1397628.htm，最后访问日期：2020 年 9 月 15 日。

出现0次，明确规定城市固体废物处理的有8条，如第四十三条："城市人民政府有关部门应当组织净菜进城，减少城市生活垃圾。"[①] 第四十八条："从事城市新区开发、旧区改建和住宅小区开发建设的单位，以及机场、码头、车站、公园、商店等公共设施、场所的经营管理单位，应当按照国家有关环境卫生的规定，配套建设生活垃圾收集设施。"[②] 关于农村固体废物处理的仅有一条，且内容较为简单，即第四十九条："农村生活垃圾污染环境防治的具体办法，由地方性法规规定。"[③] 与以往相比较，现行法律对农村环境治理的制度安排有所重视，法律条款数量在增加，内容更详细，力度更大，但与对城市环境保护的重视程度相比，关于农村环境保护的相关条款略显单薄，从城乡统筹的视角协调城乡环境利益的规范性文件也是寥寥无几。

五　城乡环境公平意识的缺失

近代以来，公正性问题逐渐引起人们的关注，但"公正"思想非一日可成，需要多年道德教化的沉淀，需要经济、政治、技术与社会思想意识的深层相互作用。短时间内缺乏"公正"思想的惯性不可能消失，并在城乡环境综合治理问题上充分暴露出来。

当前我国城乡环境公平意识缺失主要表现在两个方面。

第一，城乡二元文化结构使得城市占据了环境文化建设的主动权。城市居民对自己的环境生态比较关注，特别是社会中高收入群体，"不要建在我家后院"的心理要求和行为诉求十分强烈，但对农村环境问题

---

① 《中华人民共和国固体废物污染环境防治法》，2005年6月1日，中华人民共和国中央人民政府官网，http://www.gov.cn/flfg/2005-06/21/content_8289.htm，最后访问日期：2020年9月15日。

② 《中华人民共和国固体废物污染环境防治法》，2005年6月1日，中华人民共和国中央人民政府官网，http://www.gov.cn/flfg/2005-06/21/content_8289.htm，最后访问日期：2020年9月15日。

③ 《中华人民共和国固体废物污染环境防治法》，2005年6月1日，中华人民共和国中央人民政府官网，http://www.gov.cn/flfg/2005-06/21/content_8289.htm，最后访问日期：2020年9月15日。

和城乡环境治理一体化却不在意。

第二，城乡二元文化结构使得农村处于劣势。文化教育的落后、图书资料的匮乏、社会精英的缺失，凡此种种使得农村环境治理滞后，农村居民的环境保护意识尚未觉醒。这主要表现为以下两个方面。

一种是被动的话语权丢失。“权利贫困是指一国公民由于受到法律、制度、政策等排斥，在本国不能享有公民权利或基本权利得不到体制保障。”[①] 农村处于环境资源开发的前线却不拥有自然资源的收益权益和广博的社会资源，农村居民由于政策的不合理性承受环境负担，成为环境弱势群体。由此，农村和农村居民常常无法充分享受改革成果，“主导群体已经掌握了社会权力，不愿意别人分享之”[②]，于是在环境利益分配中，农村和农村居民处于劣势地位，即使环境利益受侵害，农村和农村居民也难以进入相应的救济通道。

另一种情况是主动的话语权丢失。农村居民由于受教育程度低，权利意识模糊，或是没有意识到自身利益受到侵害，或是当侵害后果十分严重时（如患上癌症）才意识到自身利益受到侵害，但结果是受害者或者不懂得为自己受侵害的利益讨回公道；或者诉求无门，最后因“怕麻烦”而不了了之；或者小农思想作祟，由于收益存在“搭便车”的可能性，他们不愿意让他人分享自己努力争取的权益，而不去追讨权益。能力的贫乏、观念的落后，再加上制度性障碍阻碍他们参与环境政策的制定和维护自身权利，农村居民自己始终没有意识到他们的环境利益也就在“政治冷漠”中被侵害。然而，事实上，只有“每一个，或任一个人，当他有能力并且习惯于维护自己的权力和利益时，他的这些权力和利益才不会被人忽视”[③]。

总而言之，城乡环境综合治理难题是多种因素综合作用的结果（见

① 余少祥：《弱者的权利——社会弱势群体保护的法理研究》，社会科学文献出版社，2008，第9页。

② 〔美〕戴维·波普诺：《社会学》，李强等译，中国人民大学出版社，1997，第197页。

③ 〔美〕罗伯特·达尔：《论民主》，李柏光、林猛译，商务印书馆，1999，第60页。

图 5-5）。

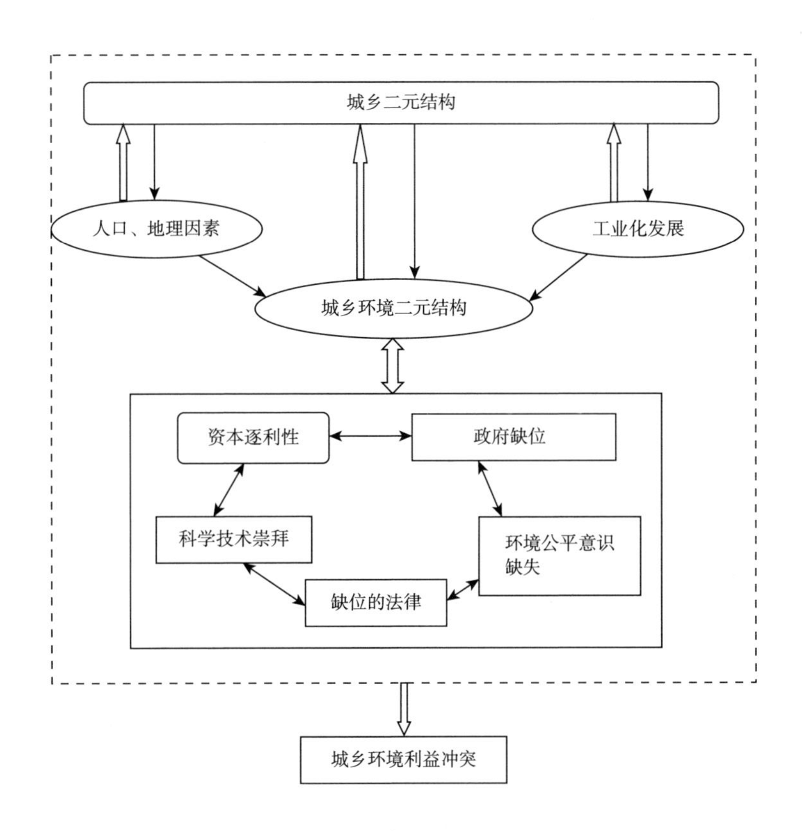

图 5-5　城乡环境综合治理难题因果构成

首先，中国特有的国情是中国城乡环境综合治理难题的大背景，研究中国任何问题都离不开对中国特有国情的了解。城乡二元结构是城乡环境综合治理难题的根源，工业化进程的紧迫性是城乡环境综合治理难题的外在推力，数量庞大的人口是城乡环境综合治理难题的致命障碍，城乡地理环境差异是城乡环境综合治理难题的客体因素，这些中国特有的国情因素影响着城乡环境综合治理目标的实现。

其次，对马克思主义城乡差别思想和经济发展与环境保护辩证关系的曲解是造成城乡环境综合治理难题的思想根源。社会意识对社会存在具有重要作用，正确的社会意识对社会存在起积极作用，反之，错误的社会意识会对社会存在起破坏作用。错误地理解马克思主义的相关思想理论会导致在实践中出现破坏城乡环境综合治理的行为，并且使问题严重化。

最后，经济、政治、社会、法律、文化也影响城乡环境综合治理难题：城乡追求资本最大化，挤占农村空间，农村不顾后果图发展；环境部门监管执法力度不足，影响农村环境治理的效度；城乡环境利益保护法治的不健全、城乡环境公平意识缺乏使农村居民成为环境弱势群体。种种因素影响城乡环境综合治理的实现。

第六章　实现中国城乡环境综合治理的路径选择

在中国现代化进程中，城市与农村之间污染的影响是双向的。在这一过程中，谁都不是赢家，短视和功利的行为使城乡环境利益发生冲突，并付出惨痛的代价。必须改变这一博弈，积极探寻实现城乡环境综合治理的路径。城乡环境治理问题是一种客观存在的社会现象，推进城乡环境综合治理关系到城乡融合的实现，关系到社会的团结安定。当然正如汪劲等人所言："在环境问题愈演愈烈的中国，高喊一些抽象的公平正义无济于事。"[①] 当前，要实现城乡环境综合治理必须以中国还处于社会主义初级阶段为大背景，着眼于城乡现实，努力处理好城乡之间的环境利益冲突，努力协调好各方关系，构建一套具有实际操作可能的保障体系。

第一节　建设中国特色社会主义城乡环境综合治理理论

受社会存在决定的社会意识会反作用于社会存在，正确的社会意识会产生积极的作用，错误的社会意识会产生消极的作用。在现代化建设过程中，人们对于城乡差别、城乡融合、经济与环境的关系等问题的认识千差万别，有正确的，但也存在许多错误的想法，特别是对马克思主

---

① 汪劲、严厚福、孙晓璞编译《环境正义：丧钟为谁而鸣——美国联邦法院环境诉讼经典判例选》，北京大学出版社，2006，第45页。

义城乡差别理论、马克思主义经济发展与环境保护关系的曲解，认为城乡差别是正常的，城乡融合是不可能的，认为经济发展与环境保护的矛盾是不可调和的，认为追求资本最大化才是真理，这些“错误认识”在某些时候某些场合已经严重影响到了中国城乡环境综合治理的实现。因此，建设中国特色社会主义城乡环境综合治理理论显得尤为重要，这有助于为实现社会主义城乡环境综合治理提供理论指导；有助于理清、协调城乡环境利益关系过程中出现的各种错综复杂的利益关系，以确保城乡环境综合治理不偏离正确的运行轨道。

在马克思城乡融合理论和马克思环境利益理论的指导下，根据中国现有的特殊历史国情，中国特色社会主义城乡环境综合治理理论应该有三个组成部分：一是城乡基于共同的环境利益结成环境共同体；二是城乡环境综合治理是为了满足人们的生存需要、享受需要和发展需要；三是通过建设生产力、生产关系和上层建筑实现城乡环境综合治理。只有在思想上对实现城乡环境综合治理有正确的理解，才能在实践中为城乡环境综合治理的实现提供正确的思想指导。

一　城乡基于共同的环境利益结成环境共同体

城乡环境是一个整体。城乡环境通过不断的物质循环和能量流动而相互依存、相互作用，形成整体，这一整体性体现为空间上的连续性和时间上的连续性。一是城乡环境具有空间上的连续性，环境的空间连续性抛开了行政区域的划分。以大气和水为例。空气中的某种颗粒物质会随着大气环流飘散到各个地方，城市和农村的行政边界挡不住自由自在飘散着的空气，同样，在太平洋东岸排放的废弃物可能会在大西洋上找到。水的流动也不受行政区划的限制，例如淮河流域就包括鄂、豫、皖、鲁、苏五省，淮河流经这五省的城市与农村。二是城乡环境具有时间上的连续性。起初，城市与农村胶合在一起，不分彼此，环境自然也是一体的；后来城市与农村分化，城市发展依赖农村的自然资源，农村发展依赖城市的资金、技术，这一过程是一个连续的未间断的过程。这一过程如果在某个环节出现问题，很可能会产生蝴蝶效应，比如上游地区森林乱砍滥伐，将会增大下游地区发生洪水的概率和扩大洪水规模，如我国1998年长江流域发生的特大洪灾，根本原因就是长江上游地区长时间乱砍滥伐，导致森林植被锐减。

城乡拥有共同的环境利益。在经济发展的大潮下，城市与农村环境问题日益突出，矛盾也日趋激化，在城乡环境利益博弈的过程中，城市居民和农村居民自觉或不自觉地发现了城乡环境的密切关系，发现城市环境利益与农村环境利益一荣俱荣、一损俱损的关系。城乡环境共同体的形成也正因为城乡拥有共同的环境利益。不管是城市还是农村，都有追求地区环境优美的愿望，不管是城市居民还是农村居民，都有追求清新空气、清澈水源、健康食物的愿望。自城乡产生至今，这种愿望没有变化过，这也就成了城乡环境共同体的重要纽带。城乡环境利益是可以实现互惠互利的，不是零和博弈。城乡环境利益协调强调的是城乡环境共同体内部利益的协调，强调的是共同体这一集体中所有成员——城市与农村、城市居民与农村居民——共享的利益，是这个共同体的不可分割的利益。这个利益，城市与农村不应该有差别，城市居民与农村居民也不应该有差别。不管这个共同体中每个成员是否都自觉地认识到这一利益的存在，是否形成这种利益意识或者观念，它都是客观存在的，共同体成员共同享有这种利益。

二　城乡环境综合治理应满足城乡居民的生存、享受和发展的需要

需要是人类活动产生和社会发展的根本原因，“通过有计划地利用和进一步发展一切社会成员的现有的巨大生产力，在人人都必须劳动的条件下，人人也都将同等地、愈益丰富地得到生活资料、享受资料、发展和表现一切体力和智力所需的资料”①。马克思认为人具有生存需要、

① 《马克思恩格斯选集》（第1卷），人民出版社，2012，第326页。

享受需要和发展需要，实现城乡环境综合治理也应满足人的生存、享受和发展的需要。满足城乡居民的生存需要是实现城乡环境综合治理的第一层次，不管是城市居民还是农村居民都有健康生活的需要，不能为满足某一方的生存需要而牺牲另一方的生存需要；满足城乡居民的享受需要是实现城乡环境综合治理的第二层次，不管是城市居民还是农村居民都有享受更美好的生活、更舒适的环境的需要，不能为满足某一方的享受需要而牺牲另一方的享受需要；满足城乡居民的发展需要是实现城乡环境综合治理的第三层次，不管是城市居民还是农村居民都有追求自由全面发展的需要，不能为满足某一方的发展需要而牺牲另一方的发展需要。总之，城乡环境利益是在人与人的交往活动中产生的，实现城乡环境综合治理理所当然落在“人”上，应满足城乡居民的生存、享受和发展的需要，保护好城乡居民的环境利益。

（一）满足城乡居民的生存需要

生存需要是人最基本、最迫切的需要。马克思认为人类之所以能创造历史，一个重要的前提是人类要生存和较好地生活，为了满足这一前提条件，人类就必须创造衣、食、住以及其他生活必需品。生存需要是人生命活动最基本的条件。实现城乡环境综合治理应该满足城乡居民的生存需要。

一是实现城乡环境综合治理以满足城乡居民的生存需要。人需要依靠自然界生活。人是自然界的组成部分，属于人的或人化的自然。城乡居民的生存离不开对自然环境的利用与改造。实现城乡环境利益协调并不是机械地保护城乡环境，机械地维持协调的限度，而是在不破坏城乡环境综合治理的前提下，满足城乡居民生存的需要。

二是不能为了满足某一方的生存需要而牺牲另一方的环境利益，即“两个不牺牲”——不牺牲农村居民的环境利益来满足城市居民的生存需要，不牺牲城市居民的环境利益来满足农村居民的生存需要。维持生命活动的生存需要，如对吃饭穿衣的需要，对光、空气的需要等，对于城市居民和农村居民同等重要，任何一方的生存都不可以建立在损害另一方生存需要的基础上，这就决定了城乡居民的环境利益也是对等的。环境为城乡居民生存需要提供物质保障。一旦人的环境利益被侵害甚至被剥夺，生存需要也会受到威胁。不论哪一方的环境利益受到侵害，必然会导致城乡矛盾的激化，引发社会冲突。

（二）满足城乡居民的享受需要

人们满足了当前的需要后，便会追求高一层次的需要。马克思与恩格斯认为人们满足了生存需要便会追求更高层次的需要，即享受需要。"如您所正确指出的，使'人不仅为生存而斗争，而且为享受，为增加自己的享受而斗争……准备为取得高级的享受而放弃低级的享受'。……人类的生产在一定的阶段上会达到这样的高度：能够不仅生产生活必需品，而且生产奢侈品，即使最初只是为少数人生产。"[①] 人是具有主观能动性的高级动物，在获得比较稳定的生存需要后，会自觉或不自觉地追求与维持生存不直接相关的需求，如购买奢侈品、外出旅行、享受高级服务。因此，实现城乡环境综合治理同样要满足城乡居民享受的需要。

一是实现城乡环境综合治理以满足城乡居民的享受需要。享受是人本性中固有的。当生存需要（吃饱、穿暖、有地方避风挡雨）满足以后，城乡居民还有共同的享受需要，即希望生活可以再好一些，希望可以过上有品质的生活。享受需要体现在对环境的需求上。实现城乡环境综合治理能使城乡居民共同享受到城市人造自然的奇思妙想，享受到大自然的鬼斧神工。

二是不能为了满足某一方的享受需要而牺牲另一方的环境利益，即"两个不牺牲"——不牺牲农村居民的环境利益来满足城市居民的享受需要，不牺牲城市居民的环境利益来满足农村居民的享受需要。花园式

---

① 《马克思恩格斯选集》（第4卷），人民出版社，2012，第518页。

的生活环境城乡居民都应该享有。城市与农村生活环境的反差给人们留下了深刻的印象——大部分城市整洁美丽，讲究规划布局；大部分农村脏乱差，不具美感。在马克思主义者们设计的自由联合体中，维护每一个人的正当利益是应该的，满足每一个人的合理享受也是应该的，这正当的利益和合理的享受都应该得到最充分的尊重和最完美的实现。因此，城市可以美丽如画，农村也可以；城市居民可以生活在花园式的社区里，农村居民也可以。享受需要是人性中本质的追求。不能为了国际都市、大城市发展而忽视农村环境质量的提升，忽视农村居民的享受需要。

（三）满足城乡居民的发展需要

发展需要是人类需要的最高层次。在生存需要、享受需要得到满足后，人们会自觉或不自觉地追求个体价值的全面实现，追求人的自由全面发展。实现城乡环境综合治理有利于城乡人口的合理流动，有利于城乡资源的合理配置，有利于为城乡居民满足发展需要提供更为丰富的物质基础、更为宽广的精神空间，使人真正摆脱身份、地域、思维的束缚，成为自然、社会和精神的主人。

一是城乡环境综合治理以满足城乡居民发展需要。发展需要是城乡居民的最高需要。在满足了衣、食、住、行的生存需要，高质量、高品位的享受需要后，追求个体自由全面发展不仅是城乡居民的目标，也是社会主义制度的目标。城乡环境综合治理使得城乡居民都能获得环境带来的好处，都能在优美的环境中修身养性，获得身体和精神领域内的自由全面发展。

二是不能为了满足某一方的发展需要而牺牲另一方的环境利益，即“两个不牺牲”——不牺牲农村居民的环境利益来满足城市居民的发展需要，不牺牲城市居民的环境利益来满足农村居民的发展需要。城市居民和农村居民的发展需要都应该得到尊重和满足，不能忽视甚至剥夺居民的发展需要。当前城市居民物质文化水平普遍比较高，拥有更多的机会和更好的环境获取自由发展的空间，可以自由地从事自己想干的事业

（如自由职业者），在思想艺术领域中进行探索（如科学家、艺术家、音乐家）。但是当前城市居民的发展需要只是在某一具体方面被满足了，到实现自由全面发展的目标还有一定距离。人的自由全面发展是需要城乡居民一起努力才有可能实现的，因为人的自由全面发展是所有人的自由全面发展，人的自由全面发展的实现是以他人的自由全面发展的实现为前提条件的。

三　建设生产力、生产关系与上层建筑实现城乡环境综合治理

马克思与恩格斯认为人类历史发展过程中存在双重利益关系：一是利益主体改造利益客体的能力，即生产力；二是人与人的利益关系，即社会关系。利益主客体的关系和人与人的利益关系是密切联系着的，即生产力与社会关系密切联系。生产力的发展决定社会关系的发展，也影响人类社会的发展。在生产力方面，早期由于生产力低下，人与人之间共同劳动获取生存资源；随着生产力的发展，劳动工具日益丰富，人的创造力加强，对自然索求的欲望越来越强烈，人与人之间的竞争激烈。在社会关系方面，早期为了共同的生产目的，人们一起劳动、一起觅食，人与人关系和谐；随着生产力的发展，社会关系变得复杂起来，由于个体能力水平不同，利益需求差异扩大，原本和谐的社会关系慢慢瓦解，有时缓和，有时剑拔弩张。“一切历史冲突都根源于生产力和交往形式之间的矛盾。”[①] 因此，马克思主要从生产力、生产关系和上层建筑三个方面提出了缓解和消除利益冲突的根本途径。第一，大力发展生产力。“如果没有这种发展，那就只会有贫穷、极端贫困的普遍化；而在极端贫困的情况下，必须重新开始争取必需品的斗争，全部陈腐污浊的东西又要死灰复燃。”[②] 第二，变革所有制关系。“废除私有制甚至是工业发展必然引起的改造整个社会制度的最简明扼要的概括。”[③] 第三，改进分

---

① 《马克思恩格斯选集》（第1卷），人民出版社，2012，第196页。
② 《马克思恩格斯选集》（第1卷），人民出版社，2012，第166页。
③ 《马克思恩格斯文集》（第1卷），人民出版社，2009，第683页。

配方式。共产主义的第一阶段即社会主义社会中只能实行按劳分配，只有在未来共产主义社会的高级阶段，“社会才能在自己的旗帜上写上：各尽所能，按需分配！”[①]。

（一）大力发展生产力，提供物质基础

经济利益关系是社会利益关系的基础，在社会利益关系之中，经济利益起着决定性的作用。在经济领域，利益矛盾的存在和激化，说到底是由生产力水平决定的。现实社会中出现的很多利益矛盾，首先是“蛋糕”太小造成的。因此，实现城乡环境综合治理，前提和必要条件就是生产力的高度发达及社会财富的极大丰富。利益关系的协调是以生产力的巨大提高和高度发展为前提的。城乡环境综合治理难题的产生归根结底是城乡生产力冲突导致的。城乡环境综合治理的实现离不开城乡之间经济利益关系的和谐。如果城乡贫富差距过大，超出了社会可以容忍的极限，冲突一触即发，农村和城市就丧失了和谐共存的前提。失去了和谐共存的前提，城乡环境综合治理也就无从谈起。大力发展生产力，特别是农村生产力，才能使城乡成为对等的经济实体，进而成为对等的环境利益主体；大力发展生产力，城乡环境综合治理才有坚实的物质基础，才有可能为城乡环境的保护与修复提供制度、资金、技术等各方面保障；大力发展生产力，使城乡居民富裕起来，城乡居民才能摆脱各种追求经济发展的错误思想和短视行为，才会从环境保护的角度出发调整经济发展模式。

（二）坚持社会主义制度，提供制度保障

生产资料的所有制性质决定利益的分配形式。对生产资料私有制的资本主义制度而言，不惜任何代价追求剩余价值的增值是其首要目标，这就决定了它不可能自觉自愿遵守自然规律，坚持用生态原则对待自然

---

① 《马克思恩格斯选集》（第3卷），人民出版社，2012，第365页。

和组织生产，而这带来的只能是环境的不断恶化。因此，只有坚持社会主义制度，坚持生产资料的公有制形式，才能保障城乡环境利益协调的实现。在社会主义社会，生产资料为全体社会成员共同拥有，不存在剥削与压迫，每个人都是自由平等的，每个人的权利都得到充分的保障、利益都得到充分的满足和实现。当前，我们已经完成生产资料的变革，劳动者已成为生产资料的真正主人。党和国家以为人民服务为宗旨，反对一切不公正的现象，并努力创新制度设计，保护每个人的合法利益不受侵害，特别是弱势群体的合法合理利益，通过一系列的制度为弱势群体提供有力保障和平等发展的机会，使社会主义社会的每个成员能共享改革发展的成果，全面建成小康社会。因此，只有社会主义制度才能为城乡环境综合治理的实现提供制度保障，也才能为城乡居民共享生态文明建设成果提供保障。

（三）革新上层建筑，提供政治思想保障

实现城乡环境综合治理离不开有序健康的政治上层建筑和思想上层建筑。

首先，政治上层建筑为实现城乡环境综合治理提供政治保障。在马克思的国家职能理论中，国家的职能具有双重性，即阶级统治的职能和管理社会公共事务的职能。随着社会主要矛盾的变化，国家职能也会发生变化，并根据社会发展变化的需要发生扩展。环境具有公共产品的属性，城乡环境综合治理问题属于社会公共事务问题，国家理应承担起协调城乡环境利益的责任。当前，我国正在积极推进政治体制改革，强化政府的公共服务职能，并确定了地方政府具有环境保护职能，同时也出台了生态文明建设若干指导性文件，如《国家生态文明建设试点示范区指标（试行）》《生态文明体制改革总体方案》等；提出“统筹城乡发展”“协调发展战略”“绿色发展战略”等发展理念，为实现城乡环境综合治理提供了保障。

其次，思想上层建筑为实现城乡环境综合治理提供思想保障。全球

环境公平思想的兴起和传播，给中国环境公平事业的发展带来了福音。环境也有公平，任何人的环境利益不得建立在损害他人的环境利益的基础之上。环境公平思想在中国传播，使得中国自上而下逐渐意识到国家之间有环境公平问题，地区之间有环境公平问题，人与人之间也有环境公平问题。城乡环境综合治理问题在这样的语境下逐渐被重视起来，党和国家领导人、社会各界人士、普通百姓逐渐认识到城乡环境综合治理问题涉及城市与农村之间的环境利益分配和城市居民与农村居民之间的环境利益分配，认识到当前城乡环境利益之间存在冲突与矛盾，也意识到要解决冲突和矛盾就必须有严格的法律体系为实现城乡环境综合治理提供刚性约束，必须有公民环境公平意识的自觉为实现城乡环境综合治理提供软性约束。

四　正确认识社会主义初级阶段的城乡环境综合治理

城市环境治理和农村环境治理都有共同的目标，即实现“社会—环境”的双赢。如果企图用城市建设破坏农村环境，用沉重的环境代价换取一时的经济利益，那么，城市化难免成为海市蜃楼，经济利益也难免成为“无源之水、无本之木”；如果企图用农村发展破坏城市环境，用沉重的环境代价换取一时的经济利益，那么农村发展不过是缘木求鱼，终会“竹篮打水一场空”。

城乡环境综合治理的实现涉及多种因素，如社会结构的开放度、利益机制的完善度、政府权力的公正度等，这就决定了城乡环境综合治理的实现不可能一朝一夕就完成。城乡环境综合治理并不是一种结果性的点的状态，而是一个不断推动和调整的线性的动态过程，不能将城乡环境综合治理问题简单化、机械化、片面化。所以，当前应该正确认识社会主义初级阶段的城乡环境综合治理问题。

（一）实现城乡环境综合治理不是城乡环境利益平均分配

城乡环境保护的差异性发展是一个过程，不能用“平均主义”的办法强制平摊城市与农村之间的环境利益，更不能仗着差异，城市剥夺农村环境利益，农村破坏城市环境利益。当前，城乡二元体制使得城乡发展不平衡，也导致城乡环境保护情况差异较大。一是城市的环境保护工作较农村容易开展。城市自然环境规模较小（如公园、花园），农村自然环境规模较大（如高山、河流），两者的环境保护难易度不一样。二是城市居民较农村居民环保意识强、环境保护自觉性强。三是城市较农村拥有专业的环境保护专家、丰富的环境保护信息和手段。四是城市环境污染的点源性污染较多，环境污染处理较快，如 2013 年 3 月上海黄浦江松江段水域漂浮大量死猪事件，当地政府用一个月左右的时间就完成了死猪打捞和河道清理的工作。农村环境污染大多是面源污染，范围广、处理难度大，有些侵害农村居民生命健康的污染事件处理起来就更难。再加上政治制度的不完善、经济基础的薄弱、文化教育的滞后、社会心态的不平衡、发展理念的陈旧等欠缺，城市与农村之间、城市居民与农村居民之间平均分配环境利益协调是不可能的，也是不现实的。

（二）实现城乡环境综合治理不是同时同步实现

城乡环境综合治理不可能同时同步实现。在现实生活中，公平与正义总是相对的、有条件的，而不公平、不正义则是绝对的、永恒存在的。客观地看待公平与正义问题，并不是所有不公平都是消极的和需要消除的。不公平、不正义是人类社会发展的一个过程，这个过程往往不可跨越，如同“先富带动后富”。虽然不公平、不正义的过程不可跨越，但并不是说其会永久存在，“先富带动后富”，最终的结果是“实现共同富裕”。城乡环境的治理与建设因城市与农村在生产力的发展程度、政治建设的完善程度、环境意识的觉醒程度、自然环境的开发程度等方面存在相当大的区别，不可能同时同步实现一体化，只能是有步骤地、循序渐进地推进，最终实现城乡环境综合治理。

（三）实现城乡环境综合治理不是城乡零污染

实现城乡环境综合治理并不意味着城乡没有污染。众所周知，人的生存需要消耗各种物质能量，人的生产活动同样需要消耗各种物质能量，这些物质能量通过生产、分配、交换、消费实现。在进行生产、分配、交换、消费的时候，人必须占有和消耗一定的利益客体。在占有和消耗一定的利益客体时，就必然会产生各种生产生活垃圾。只要存在生产生活垃圾，就一定会产生垃圾处理的困惑，或者说就一定会对周遭的环境产生污染。因此，城乡环境综合治理并不意味着城乡污染的消失，而是城乡环境保护得到同等程度的重视，城乡环境利益在城乡经济发展过程中维持协调状态。

（四）实现城乡环境综合治理不是城乡各自为政

实现城乡环境综合治理需要不同利益主体互相配合，共同寻求解决对策与方法，使利益主体之间的差别逐渐缩小、矛盾得以化解、冲突得以缓解，利益主体的利益关系处于可控制的范围内，从而使利益主体协调一致、共同发展。城市和农村都是利益的主体，不论是城市还是农村，想在社会中实现自身利益最大化，就一定要寻求与其相对应的客体的利益关系的和谐，那么城乡环境利综合治理必然要依赖城市与农村之间的合作，形成利益共同体。正如马克思所说的，共同利益不仅仅存在于具有相互依存关系的主体间的观念之中，而且存在于具有相互依存关系的主体间的现实中。

总而言之，受社会存在决定的社会意识会反作用于社会存在，正确的社会意识会产生积极的作用，错误的社会意识会产生消极的作用。在现代化建设过程中，人们对于城乡差别、城乡融合、经济与环境的关系等问题的认识千差万别，有正确的，但也存在许多错误的想法，一些“错误认识”在某些时候某些场合已经严重影响到了中国城乡环境一体化建设。因此，实现中国城乡环境综合治理就要对城乡环境综合治理有一个正确的认识，必须将城乡环境综合治理置于社会主义初级阶段这个大背景下去认识、去研究，要认识到城乡环境是一个共同体，离开这个前提，城乡环境综合治理难以有实质的进展；要认识到城乡环境综合治理的实现是以人民的根本利益为出发点，以满足人们的生存需要、享受需要和发展需要为目标，没有这个目标作为引导，城乡环境综合治理将缺乏前进的动力；要认识到发展生产力、坚持社会主义制度、完善政府职能和加强环境公平教育的重要性，没有城乡生产力的发展，没有社会主义制度的坚强后盾，没有政治上层建筑和思想上层建筑的保障，城乡环境综合治理会变成纸上谈兵；更要认识到社会主义初级阶段的特殊性，城乡之间的环境利益不可能平均分配，城乡一体化不可能同时同地实现，不可能是零污染，城乡更不可以各自为政。没有这些正确认识，城乡环境综合治理建设将举步维艰。

第二节　破解资本逐利迷局　发展绿色生产力

一　破解资本逐利迷局，推进城乡环境综合治理

既然资本破坏了环境，那么治理环境污染，就可以让资本走出去，或者是将资本圈起来，或者让资本发挥好的作用。对于第一种情况，让资本走出去，这是不现实的。对社会主义现代化建设而言，没有资本增值，谈何建设？对中华民族的伟大复兴而言，没有资本增值，谈何复兴？保护环境不是要停止经济发展，资本与环境不是你死我活的关系，环境治理需要技术创新，需要科学实验，这些都需要资本的支持。对于第二种情况，将资本圈起来，这同样不现实。资本的界限在哪里？资本与环境的界限在哪里？用什么将资本圈起来？解决不了这些问题，如何圈住资本？资本不是猪，不是鸟，不是围个圈、搭个笼就可以关得住的。显然，第三种情况，让资本发挥好作用，这才是真正的出路。资本逐利的本性本身没有错，资本的存在就是为了增值，创造更多的财富。问题在于资本逐利如果失去了控制，没有“度”作为限制，一味地只求资本增值而不择手段，一味只求资本增值而忽略长远的、全局的利益，这种疯狂的资本逐利行为也许带来了眼前的利益最大化，但等待着我们的将会

是更可怕的灾难。要实现城乡环境综合治理，就必须理性地看待资本的逐利性，激发资本逐利的积极效应。

（一）理性看待资本逐利

当前有这样一种情况：资本力量渗入的地方，往往容易变成穷山恶水；在资本力量没有渗透到的地方，依然有秀美的环境。于是“一手抓经济发展，一手抓环境保护，两手都要硬”的政治梦想在现实中被击破。随后便有了资本逐利与环境保护水火不容一说。逐利是资本的天性，就像人饿了要吃饭、冷了要穿衣一样。因此，否定、打击、阻止资本逐利是相当荒唐的行为。处理资本逐利与城乡环境利益关系的关键在于以下三个方面。

其一，必须认识到资本的逐利性的确是造成城乡环境综合治理难题的根源。人与资本似乎有着一种默契，资本的逐利性诱惑并迫使资本的人格化身——资产者，以及与资本相关的既得利益者——自觉或不自觉地允许资本以环境为代价追逐最大化的利润，于是一小部分人为了获取利益而侵占广大人民的环境权益，损害了环境利益的公平性，甚至资本力量会通过对社会政治和意识形态领域的渗透，形成不利于环境和资源保护的社会权力结构。这种情况的出现会对城乡环境综合治理的实现形成最大的阻力。正确认识资本逐利是城乡环境综合治理难题的根本原因的目的在于在思想上和实践中努力限制资本逐利的“恶”，进而发挥资本逐利的“善”。

其二，资本逐利与城乡环境利益可实现共赢。“一手抓经济发展，一手抓环境保护，两手都要硬”并不只是纸上的政治梦想，更是可以落地开花的美丽构想。城乡经济发展与城乡环境综合治理相辅相成：一是城乡经济发展为城乡环境综合治理的实现提供强大的物质支撑。城乡资本的逐利性带来城乡经济的繁荣，城乡经济的繁荣为城乡环境综合治理的实现提供了保障。二是城乡环境综合治理为城乡经济发展提供可持续发展的动力。粗放型经济使得城乡环境利益处于博弈的状态，城市或农村为了实现各自的资本增值，往往忽视对方的环境利益。这种发展模式必然不会长久，环境利益矛盾愈演愈烈，城乡经济发展也就会随之停止，最终导致两败俱伤。中国经济发展走的是统筹城乡发展，实现共同富裕的可持续发展道路，城乡环境综合治理使得城乡自然资源环境得到有效保护，城乡居民环境利益关系处于和谐状态，这将形成一股合力推动城乡经济的可持续发展。

其三，城乡居民应树立正确的资本观和城乡环境利益观。众所周知，正确的社会认识对社会存在起积极作用，错误的社会认识对社会存在起消极作用。城乡居民树立起正确的资本观和环境利益观将极大地推动城乡环境综合治理的实现。一是城乡居民应树立正确的资本观，肯定资本逐利的积极作用，但不迷恋资本。马克思积极地肯定了资本强大的增值能力和发展潜力，认为由此产生的资本力量创造了极大的物质财富，成为经济增长的保证。但马克思在肯定资本的同时也抨击了资本的丑陋，认为资本至上引发了一系列的拜物教现象，自然环境被踩在脚下，利益和谐被丢弃在一旁。这种功利性的资本拜物教将激发各种利益群体的矛盾、各个领域的冲突，是相当可怕的。城乡居民应认识到资本不是万能的，不迷恋资本，发挥资本增值的积极影响力，这才是发家致富的正确途径。二是城乡居民应树立正确的城乡环境利益观，建立城乡环境利益共同体。城乡环境是紧密联系在一起的，不是画条线、立个碑、拉张网就可以把城市环境与农村环境截然分开的。城乡环境通过不断的物质循环和能量流动而相互依存、相互作用，形成整体，这一整体性体现为空间上的连续性和时间上的连续性。城乡拥有共同的环境利益，这个利益，城市与农村不应该有差别，城市居民与农村居民不应该有差别。不管这个共同体中每个成员是否都自觉地认识到这一利益的存在，是否形成这种利益意识或者观念，它都是客观存在的，共同体成员共同享有这种利益。

（二）科学控制资本逐利的“速”与“度”

资本逐利本身无大错，而资本逐利与环境利益协调并非水火不容，甚至资本的扩大化会为实现城乡环境综合治理提供动力，所以承认与支持资本逐利也成为应有之题。然而，“放任资本逐利，其结果将是引发新一轮危机”①。过快过大的资本逐利往往会带来可怕的灾难。因此，必须科学控制资本逐利的“速”与“度”，使得资本逐利发挥积极作用，使得城乡改革的力度、资本逐利的速度和城乡环境可承受的程度相协调。

其一，科学控制资本逐利的“速”，这指的是控制资本逐利的速度。资本瞬间增值或者说资本增值周期越来越短，这都是好事。但如果以牺牲城乡环境利益为代价实现资本瞬间增值，将会对城乡环境利益造成极大的破坏。控制资本逐利的“速”的目的是城乡在追求经济增长的过程中统筹考虑城乡发展的步骤，城市发展与农村发展同等重要，不能一味地追求城市发展，而将农村变成城乡发展的供给站；控制资本逐利的“速”的目的是在建设城乡生态文明过程中统筹考虑城乡环境治理的步骤，城市生态文明建设和农村生态文明建设齐抓共管；控制资本逐利的“速”目的是在城乡发展建设过程中统筹考虑经济增长与环境保护的关系，城乡经济发展不能以牺牲对方的环境利益为代价。控制资本增长的“速”是为了让资本不疯狂，不冒进，不为了眼前的局部的小利益而丢弃长远的全局的大利益。

其二，科学控制资本逐利的“度”，指的是控制资本逐利的规模。资本逐利的规模越大并不意味着资本利润就能实现最大化，过于庞大的资本规模往往难以控制与监管，一旦资本规模失去控制，不但资本利润化为泡影，而且可能给经济发展带来致命打击。控制资本逐利的“度”目的是城乡在追求经济增长过程中能够关注环境保护问题，合理地开发利用自然资源，保护城乡生态足迹；控制资本逐利的“度”目的是城乡能够有充足的时间思考自身发展带来的环境污染问题，思考城乡之间的环境利益关系问题，思考经济的可持续发展问题；是城乡能够预留出足够的资金用于环境污染综合治理和环境保护，城乡环境实现善治将有助

① 《习近平在联合国成立70周年系列峰会上的讲话》，人民出版社，2015，第17页。

于实现城乡环境综合治理。控制资本逐利的“度”是为了让资本不盲目扩张，不过分追求大而全，而是让资本在可控的范围之内实现多方共赢。

（三）严格规范资本逐利行为

资本利用人的创造能力拓展范围，这种“联袂登场”的组合使得资本的破坏力增强，资本逐利负面影响被扩大。当这种破坏力深入环境领域，在疯狂扩张的资本和非理性的经济人面前，城乡环境只能任其“蹂躏”，结果以生态赤字向人们展示环境阈限的严峻现实。因此，必须严格规范资本逐利行为，以促进城乡环境综合治理的实现。

其一，建章立制，管住“资本”。城乡环境利益关系在城乡追求资本增值过程中常常被忽视，两者有时甚至剑拔弩张。通过建章立制，管住“资本”，维护城乡环境利益，这显然是有必要的。一是不让资本使坏，用法制规范资本逐利行为。只要有制度约束，资本必然在一定的行为框架内实现增值与扩张。国务院生态环境主管部门应制定严格的国家环境质量标准和国家污染物排放标准，制定城乡统一的环境监测规范。城乡建设中未依法进行环境影响评价的开发利用规划，不得组织实施；未依法进行环境影响评价的建设项目，不得开工建设。二是让资本增值，引导资本进入城乡绿色生产领域。发展城乡绿色生产力有助于城乡环境综合治理的实现，将资本引入城乡绿色生产领域，将为实现城乡环境利益提供强有力的保障。这主要有两种形式：第一种形式是直接将资本投入城乡绿色生产领域，如积极培育生物质产业、节能环保产业、新兴信息产业、新能源产业等绿色新兴战略产业，发展绿色农业和绿色农产品加工业；第二种形式是进行绿色补贴，以货币为主要补贴形式，将外部收益内部化或补偿外部成本削减，激励资本代理人持续地提供正外部性或减少负外部性，从而实现环境资源的有效配置，达到社会最优的环境服务水平和环境污染水平。

其二，加大惩处力度，管住“资本代理人”。大多数资本代理人在运营过程中往往逃避自己应该承担的社会责任，资本代理人在遵循市场规律时必须兼顾生态规律、自然规律是一种奢望。不管博弈如何激烈，让资本代理人自觉自发地以保护环境为行为宗旨都是一件很难的事情，因此必须用制度的力量规范资本代理人。一是剥夺资本代理人的各类资产。资本代理人在生产经营过程中违反法律法规规定排放污染物，对城乡环境可能造成或已经造成严重污染的，必须查封、扣押造成污染物排放的设施、设备；资本代理人在生产经营过程中产生超过污染物排放标准或者超过重点污染物排放总量控制指标的污染物，却又未按照规定进行处理而直接排放的，必须限制生产、停产整治，甚至关闭企业；资本代理人未依法提交建设项目环境影响评价文件或者环境影响评价文件未经批准，却擅自开工建设的，不管当时对城乡环境有无造成不良后果，必须停止建设，罚以重金。二是限制资本代理人的自由。限制资本代理人的自由是从人身权利层面加大对资本代理人违法违纪行为的惩治力度，以此让资本代理人意识到在资本逐利的过程中，必须把保护城乡环境放在与追求资本利润同等重要的位置上，忽视城乡环境、侵害城乡环境利益的行为不仅会受到物质层面的惩罚，更严重的是会被剥夺人身自由权利。新《环境保护法》已经明确规定，建设项目未依法进行环境影响评价，被责令停止建设，资本代理人拒不执行的；违反法律规定，未取得排污许可证排放污染物，被责令停止排污，资本代理人拒不执行的；资本代理人通过暗管、避监管的方式违法排放污染物的；生产、使用国家明令禁止生产、使用的农药，被责令改正，资本代理人拒不改正，一旦出现这些情况（尚不构成犯罪的），可以将案件移送公安机关，根据情节轻重，处以拘留。如果资本代理人违法违纪行为十分恶劣，对城乡环境造成严重污染，对城乡居民身心健康构成极大威胁，甚至导致疾病的传播或死亡，那么将根据法律的相关规定，限制其人身自由，以更大的惩治力度管住资本代理人。

总而言之，资本逐利就像硬币的两面，一方面，资本逐利的本性带来了城乡经济的发展和极大繁荣；另一方面，资本逐利的本性却导致了中国城乡环境综合治理冲突的不断加剧。放任资本逐利不可能，否则，不仅会给城乡环境带来灾难，甚至会诱发各种危机；严禁资本逐利也不可能，一个没有资本的社会呈现出来的必定是死气沉沉的景象，使人类又返回到原始状态，自然成为主宰，这是文明的倒退。因此，肯定资本逐利的客观必然性，但不回避资本疯狂逐利过程给城乡环境利益关系带来的侵害，正视这一辩证关系，科学地控制好资本逐利的“速”与“度”，严格监管资本代理人，从而促进中国城乡环境综合治理的实现，这才是中国生态文明建设的应有之义。

二　发展绿色生产力

中国城乡二元结构、工业发展的紧迫性、庞大的人口总量等因素影响着城乡环境综合治理的实现。城乡二元结构造成了城乡经济、政治、社会、文化、环境等方面的二元分化，这种分化割裂了城乡之间天然存在的环境利益关系；工业发展的紧迫性使得“经济发展”成为城乡发展的头等大事，甚至不惜以牺牲环境为代价也要换得经济的增长；庞大的人口总量给城乡环境资源带来了极大的压力，为了满足14亿多人口的吃饭穿衣等需求，各种破坏环境的急功近利的行为频频出现。显而易见，产生这一系列矛盾与问题的根源在于当前中国生产力水平在整体上还不够高，还不能满足人们日益增长的物质文化需要。因此，发展生产力是解决城乡环境综合治理难题的重要途径。

但是必须认识到当前发展生产力走的应是“绿色生产力”的新型道路，唯此才能解决城乡环境利益冲突，才能实现城乡环境利益关系的协调。“绿色生产力”一词是现代经济发展到生态文明阶段的产物，是在人们既想追求经济发展又想保护自然环境的思想的主导下产生的。“绿色生产力”强调的是经济的发展以不破坏环境为原则，而且经济的发展还能为环境保护提供各种保障。实现城乡环境利益协调最重要也是最关键的路径之一便是城乡绿色生产力的发展。唯有发展绿色生产力，城市才不会过多地剥夺农村的自然资源，避免对农村的进一步污染；唯有发展绿色生产力，农村才能不断积累物质财富，获得与城市发展对等的话语权；唯有发展绿色生产力，才能为实现城乡环境综合治理提供丰富的物质基础。

（一）发展绿色生产力是实现城乡环境综合治理的重要保障

在马克思的理论体系中，“生产力”是一个十分重要的概念。马克思借助生产力揭开了历史发展之谜，并强调了生产力对于社会发展的决定作用。马克思认为生产力制约着整个社会生活、政治生活和精神生活的过程。因此，实现城乡环境综合治理必须发展生产力，走绿色生产之路。

第一，发展生产力，做大蛋糕，城乡环境综合治理才有可能实现。城乡环境综合治理并不是只强调分配，而忽视生产。综合治理的实现需要高度发展的生产力和厚实的物质财富作为基础，否则，人们为了生计而奔波，根本不会意识到自己享有许多正当的利益，根本无法顾及自己的利益是否受到侵害，更不会去关注利益分享的公平性问题。当前，农村居民不仅是经济弱势者，还是环境弱势者，他们默默地承受着环境污染的可怕后果，只有当环境污染严重破坏了他们的物质财产、威胁到他们的身心健康和生命安全的时候，才会去关心身边的环境问题。“对于许多穷人来说，最紧迫的问题是解决今天或明天或下周的工作、食品及医疗问题。”① 他们意识到经济贫困会使他们没有食品、没有医疗，但他们没有意识到经济贫困会导致环境利益的边缘化，只有当他们发现能从自然中获得各种维持生存所需的物品时，或者是发现自然会威胁他们的生存时，他们才会注意到自然，否则，“对于穷人来说，大象是一堆肉，鲸鱼是一只油桶，雨林是射杀猴子和用火清除丛林后种植木薯的地方”②。因此，当前大力发展生产力依然是中国社会的首要任务，城乡生

① 〔美〕塞缪尔·亨廷顿：《难以抉择——发展中国家的政治参与》，汪晓涛等译，华夏出版社，1989，第123页。

② 〔美〕彼得·休伯：《硬绿——从环境主义者手中拯救环境：环保主义宣言》，戴星翼、徐立青译，上海译文出版社，2002，第35页。

产力的发展能为城乡环境综合治理的实现提供物质保障；也只有让城乡居民有了丰富的物质基础，他们才不只会关心今天能从自然资源中得到什么，更能为了明天的幸福生活而保护自然资源。

第二，发展生产力，绿色生产，城乡环境综合治理才有可能实现。绿色生产力讲究的是生产力发展与环境保护相适应，摆脱过于强调 GDP 的经济增长方式。发展绿色生产力，就是要从所处的社会条件和环境状态出发，在自然环境和人类自身可承受的范围内发展经济，否则，要么经济发展因为自然资源耗竭而停滞；要么会造成社会分裂，影响团结稳定；要么造成生态危机，危及生命健康。城乡环境综合治理难题产生的一个关键原因就是城乡发展方式的不生态，粗放的发展模式虽然在短时间内实现了经济增长，但难以解决污染问题。发展绿色生产力就是要从根本上消除经济发展与环境保护的矛盾，从一开始就把城市与农村发展纳入一个绿色生产体系中，这也就避免了环境污染问题。有效地解决环境问题，城乡环境综合治理难题自然而然也就能解决，进而缓解城乡矛盾。

第三，发展生产力，城乡协调，城乡环境综合治理才有可能实现。改革开放以来，中国的社会生产力发展了，应该是全社会居民都能受益，换句话说，改革发展成果能够为全民所共同分享。城乡之间要发展生产力，不是城市发展而农村不发展，不是牺牲一方以促进另一方发展，而是城市和农村协调发展。城乡生产力发展是有阶段性的，不可能齐头并进，但即使这样也不能让城市和农村在经济利益上出现严重冲突，城市和农村间的经济利益分享和经济利益关系应该处于协调发展的状态。一旦城市与农村发生经济利益冲突，改革发展成果在城市居民和农村居民之间无法得到合理分享，城乡经济利益冲突不断，城市与农村之间的环境综合治理就无法实现。

（二）积极发展城乡绿色生产力

城市和农村是两个地域性经济实体。只有走生产力发展的绿色道路，才能帮助城乡构建低代价的、可持续的经济增长模式，才能为实现城乡环境综合治理提供厚实的物质基础。

1. 发展城市绿色生产力

为避免侵害农村环境利益，城市必须发展绿色生产力，走一条成本低、动力大、协调一致的可持续发展之路。通过培育绿色新兴战略产业、发展循环经济等途径，构筑起城市绿色产业体系，这不仅有利于发展城市绿色生产力，而且在一定程度上也能避免对农村环境的污染。

第一，培育绿色新兴战略产业，推动城乡环境综合治理。

绿色新兴战略产业把绿色主题与新兴战略产业联结起来，成为一种集科技、经济、环境等诸多主题于一体的新型产业概念。当前，绿色新兴战略产业包括生物质产业、节能环保产业、新兴信息产业、新能源产业等。以生物质产业为例。生物质产业是一种充分利用生物质资源，如农林废弃物、能源植物、城市和工业有机废弃物、禽畜粪便等可再生或循环的有机物质，通过现代科学技术手段进行加工转化，生产生物质产品、生物燃料和生物能源的产业。生物质产业以“物尽其用，材尽其用”为原则，最大限度地利用农林废弃物和边际性土地资源，生产出可替代传统化石能源的生物质能源、可替代传统化工产品的生物质产品。城市地区积极培育绿色新兴战略产业可以满足追求经济增长的发展诉求，更重要的是，绿色新兴战略产业不仅能大量减少污染物排放，缓解煤炭、石油、天然气日益枯竭造成的危机，保护农村环境利益，而且能消耗掉农业生产过程中产生的废弃物，如稻壳、玉米芯、花生壳、甘蔗渣和棉籽壳等，增加农业附加值。这就可以在一定程度上解决农民、农业和农村问题，进而促进城乡环境综合治理的实现。

第二，发展循环经济，推动城乡环境综合治理。

发展循环经济是发展城市绿色生产力的另一重要形式。建立在透支自然资源基础之上的经济发展是不可持续的，发展循环经济就是要解决这一难题，通过“资源（原材料）—产品—废弃物—资源（二次原材料）—产品—废弃物（尽可能少）”的循环利用，变废为宝、化害为利，追求资源利用的最大化，从源头和生产过程解决城市经济可持续发展面临的资源环境约束问题，实现资源永续利用，并解决资源消耗引起的环境污染问题。循环经济因最少的资源投入、最少的废物排放、最小的环境危害、最大的资源利用率而备受欢迎。发展循环经济不仅可以促进城市绿色生产力的发展，还利于最大限度地利用各类资源和生产废弃物，极大地缓解农村资源压力和环境压力，减少对农村环境利益的破坏，因此成为促进城乡环境综合治理目标实现的一种重要手段。

2. 发展农村绿色生产力

城乡环境综合治理难题产生的一个重要原因是农村落后的生产力。农村由于生产力落后，为了追求经济发展破坏环境，也无暇参与环境政策的制定，在环境保护建设中失去话语权。发展农村绿色生产力，一是要满足农村摆脱落后的愿望和农村居民发家致富的愿望，二是要减少农村环境污染，避免侵害农村环境利益。

第一，发展绿色农业，推动城乡环境综合治理。

农村是城市食品的大后方，城市食品是否安全很大程度上取决于农业生产方式是否环保。快速发展经济的迫切愿望使得农村在农业生产过程中急功近利，生产出问题农副产品，危及城市的食品安全。发展绿色农业就是要解决这一问题。农业生产是一种直接与自然界打交道的劳动，换句话说，农业生产的劳动对象是自然界，这就要求农业发展要遵循自然界的运行规律。发展绿色农业，就是要尊重自然运行规律，不断循环利用物质和能量，引导农村居民科学种植、养殖，发展以绿色食品和有机食品生产为主的生态农业。发展绿色农业，就是要尊重自然发展规律，合理利用农业资源，将农业生产纳入自然生态系统的循环过程中，实现农业生产方式向绿色化转变。发展绿色农业，要求在生产过程中，必须严格控制化学农药和化肥使用量，禁止使用高残留农药，禁止使用《食品安全法》中所列举的各类违禁品。此外，还必须建立起严格的绿色农产品规范标准管理体系与制度，如绿色农产品指标体系、绿色产品市场准入制度，用严格的法律法规规范农村市场，形成倒逼机制，为发展绿色农业提供规范、有序、健康的制度环境。总之，发展绿色农业，一方面，就是要坚持可持续发展的理念，保护和节约自然资源，减少环境污染；另一方面，就是要坚持“无污染、无公害、无损于子孙后代”的“三无”标准，使得“从田间地头到餐桌饮食”的整个产业链条中，人们的生命健康得到尊重和维护。发展绿色农业不仅能满足农村居民充实“钱袋子”的需要，也能满足城镇居民健康“菜篮子”的需要，这双赢的结果也利于促进城乡环境综合治理的实现。

第二，发展绿色农产品加工业，推动城乡环境综合治理。

绿色农产品加工业以农、林、牧、渔产品及其加工品为原料，利用绿色环保手段进行工业加工，充分利用农产品和加工过程中产生的材料，实现农产品的最大价值，不仅可以提高农村居民的经济收入，还可以减少农产品处置不当带来的经济损失和环境污染。绿色农产品加工业作为三次产业融合发展的关键环节，成为发展农村绿色生产力的一种重要形式。一方面，发展绿色农产品加工业可以全方位、多途径开发农产品，如将卖相较好的农产品进行加工包装，提升农产品的价值含量，对农产品加工包装必须注意严格禁止使用不可降解的含有毒物质的各种塑料，保证农产品从生产到包装成品都符合绿色标准；将卖相较差的农产品进行精深加工，如将卖相不好的玉米制成玉米粉、玉米颗粒，这不仅利于满足城乡居民多元化的食物需求，还利于拓宽农村居民发家致富的渠道。另一方面，发展绿色农产品加工业可以避免资源浪费，减少环境污染。“目前我国农村每年产生7亿多吨秸秆和5.8亿多吨加工副产物，其60%没有得到高值化利用”①，绿色农产品加工业就是要实现资源利用率的最大化，不仅要充分发挥农产品的价值，还要充分利用加工生产过程中产生的废弃物，物尽其用。可见，绿色农产品加工业成为农业和工业、农村居民和城市居民的联系纽带，亦工亦农，源于农村，与农业血脉相连，

---

① 《当前我国农产品加工业发展形势与任务》，2015年6月29日，中华人民共和国农产品加工局（乡镇企业局）官网，http://www.moa.gov.cn/sjzz/qiyeju/ncpjg/201506/t20150629_4722370.htm，最后访问日期：2020年9月15日。

又与工商业密不可分，不仅承接城市和工业的辐射带动效应，保障城市居民的“菜篮子”的丰富多彩，而且构建新型农村农业发展模式，让农村居民的“钱袋子”鼓起来，让农村居民参与现代化进程，共享现代化成果。这双赢的结果也有利于促进城乡环境综合治理的实现。

第三，发展乡村特色旅游，推动城乡环境综合治理。

农村有山有水，有林有田，可以发展“山水园林生态旅游”。以陕西商洛市为例。商洛市位于陕西省东南部，地处秦岭山地，气候温和、四季分明，蕴藏着丰富多样的生物资源，因境内有商山洛水而得名。商洛利用优越的地理位置和独特的气候条件可以形成多元化的旅游模式。

一是自然之旅。商洛市有柞水溶洞、二郎庙、丰阳塔、大云寺等及陕南地区唯一的一个国家 5A 级景区商南金丝大峡谷等名胜古迹，有牛背梁、天竺山、月亮洞及待开发的佛诞地等，有大熊猫、苏门羚、青羊、林麝、水獭、黑鹳等珍稀动物。依托这些自然及人文资源，商洛市可以在周边整体开展与之相配套的园林休闲旅游，打造旅游产业品牌。

二是民俗之旅。商洛民俗文化独具特色，承秦文化之阳刚，蓄楚文化之柔美，剧种有秦腔、花鼓、道情、二黄（汉剧）、豫剧，以及民间的山歌、号子等。20 世纪 50 年代的《夫妻观灯》，60 年代的《一文钱》，70 年代的《屠夫状元》，80 年代的《六斤县长》《凤凰飞入光棍堂》，90 年代的《山魂》等剧目，均获得省以上创作一等奖。1985 年被陕西省原文化厅誉为“戏剧之乡”。因此，商洛可依托民歌、花鼓、庙会、灯会、社火等地方特色民俗，建设具有商洛民俗风情的集饮食、购物、娱乐于一体的一条街。这不仅有利于推动当地特色经济的发展，还可以使地方民俗文化广为流传，经久不衰。

三是历史之旅。商洛是一个有着悠久历史的文化古城，从古至今，拥有洛南旧时器群、洛河元扈山、“仓颉授书处”摩崖石刻、东龙山夏商周遗址、商鞅封邑、武关、闯王寨、红军抗日的军事遗址等历史名胜，还有吴怀清、贾平凹等名人。丰富的历史文化资源为商洛旅游业发展提供各种契机，其可以进行古代文化历史之旅、抗日战争文化之旅、名人名家之旅，充分利用历史元素打造游览景点。

四是生态园建设。商洛主要生产小麦、玉米和稻谷，“岭沟红米”最为出名，其境内还有许多具有观赏价值的药用植物，如可作为茶的金银花、银杏叶，可制成药酒的枸杞、灵芝。利用这些特色可建设“红米生态园”“中药材生态园”，还可以在生态园区内让游客参与生产。以建设“中药材生态园”为例。生态园中可种植连翘、杜仲、五味子、丹参、山茱萸、天麻等商洛盛产的药材，开辟专门的区域让游客自己动手采摘、制药，这不仅利于增加种植户的收入，拉动商洛地区经济增长，而且可以让各地游客体会到中医药文化的博大精深，实现经济效益、生态效益和社会效益的多赢。

第三节　政府主导　履行环境保护责任

城乡环境综合治理的实现离不开政府。当前由于经济、政治利益的驱动，城市与农村在环境保护政策、环境机构设置、环境保护资金投入等方面存在一定差异，并且政府对企业的排污监管不到位，惩罚力度不足。环境监管执法不足已经严重影响了城乡环境综合治理的实现，必须明确政府的环境保护职能，为城乡环境综合治理的实现提供政治保障。

政府履行环境保护职能是实现城乡环境综合治理的重要保障。一是有利于城乡环境综合治理的稳定性。城乡环境综合治理不是一次性的行为，需要长时间的调整和推动。没有稳定的制度规定，就难以对利益协调主体起到良好的指导和约束作用。当偶然性因素增加，城乡环境综合治理过程中的不确定性和变动性就会接踵而来。二是为城乡环境综合治理设置行动边界。环境治理的制度化，可使政府在实现城乡环境综合治理过程中的权力边界清晰化，并将政府环境保护职责固定化、规范化，使政府在城乡环境综合治理的过程中更具有公共性。三是有利于城乡环境综合治理政策的科学性。环境治理的制度化，一方面，为城乡环境利益主体提供一个公开公正的制度平台，使得城乡环境利益主体可以平等地表达自己的主张；另一方面，使政府能够更全面地了解各种信息，确保城乡环境综合治理政策始终以广大人民群众的意志为依归，从而做出有效的公共决策，推动城乡环境利综合治理的实现。

一　政府是实现城乡环境利益协调最重要的主体

马克思认为国家职能具有双重性，国家既具有阶级统治和剥削的职能，又具有管理社会公共事务的职能。同时，国家职能也是动态的。在原始社会时期，氏族、部落首领具有的是纯粹的社会服务职能。在阶级社会里，国家职能开始分为政治统治和社会管理两种基本职能。在奴隶社会和封建社会时期，政治职能极端强化，社会管理职能非常有限。到了资本主义时期，一方面，社会管理职能大大加强，资产阶级政府运用法律、经济、行政等手段，对社会的经济、文化、交通等领域进行干预；另一方面，国家的政治职能继续占据重要地位，在某些时期甚至还有了加强。到了共产主义社会，所保留下的仅仅是社会管理职能。

在马克思的著作中，有大量篇幅论述了国家的阶级统治和社会管理职能，特别是国家的阶级统治职能，因为马克思所处的时代阶级斗争尖锐。马克思虽然没有直接提出环境保护职能，但他并不否认国家具有管理生态的职能，并且也提到了一些基本原则和内在要求。当前，中国还处于社会主义初级阶段，环境问题在经济发展的作用下越来越严峻。中国共产党根据中国社会发展变化审时度势地提出环境保护职能——2013年，《中共中央关于全面深化改革若干重大问题的决定》明确提出：加强中央政府宏观调控职责和能力，加强地方政府公共服务、市场监管、社会管理、环境保护等职责。社会主义国家履行“环境保护职能”是对马克思主义国家职能理论的深化。

首先，环境属于公共产品。

公共产品有两大特征：一是非竞争性，即一个使用者对某物品的使用并不影响其他使用者使用该物品；二是非排他性，即使用者不能被排除在对某物品的使用之外。根据公共产品的两大特征，城乡环境属于公共产品。既然城乡环境属于公共产品，人民又是城乡环境公共产品的直接受益者和享用者，那么无论男女老幼、贫富贵贱、国别肤色，人人都可以平等消费、享用城乡环境所提供的产品和服务。

其次，实现城乡环境综合治理难度大。

实现城乡环境综合治理涉及实现城市与农村之间的环境综合治理，实现城市居民与农村居民之间的环境利益协调，这涉及各种各样复杂的关系，因此实现城乡环境综合治理难度较大。一是协调城乡经济发展与环境保护关系难度大。城市有发展经济的要求，农村也有发展经济的要求，因此在追求经济发展目的的牵引下就会出现两个利益主体之间经济利益、环境利益的冲突，或是出现主体自身陷入既想发展经济又想保护环境的两难抉择的境地。二是协调城乡居民之间的环境利益难度大。城市居民和农村居民以各自利益为出发点，出现“邻避效应”，谁也不愿意垃圾填埋场、化工项目、危险品生产地落户在自己居住的地区，谁也不愿意承担可能存在的环境风险，于是城乡居民对类似项目常常坚决抵制。三是中国城乡状态千差万别，城乡具体的环境利益也多种多样，要协调这些复杂的关系有较大的难度。正因为这些难题的存在，个体没有能力去驾驭这庞大而复杂的城乡环境利益关系，一般组织也没有能力去掌控这庞大而复杂的城乡环境利益关系，唯有具有强制力的政府有能力去驾驭和处理庞大而复杂的城乡环境利益关系，站在大局的角度，运用宏观调控手段，推动城乡环境综合治理。

再次，市场无法有效推动城乡环境综合治理。

不可否认，市场的确大大推动了人类物质财富的增加，然而仅依靠市场力量却无法实现城乡环境综合治理。有如下四个方面的理由。一是市场机制强调通过自由竞争与自由交换来实现资源的配置，环境的公共产品属性使得环境无所谓自由竞争与自由交换，特别是那些具有纯公共产品性质的环境（如空气），难以竞争，难以交换，市场机制在这种情况下不起作用。二是市场主体的主要目的是追求经济利益的最大化，不会自觉主动关注自己的经济行为是否会损害他人的环境利益。城乡环境综合治理问题是一个具有政治意义、社会意义、生态意义的话题，绝大部分市场主体不具有全局观念和高尚的政治觉悟，仅靠市场主体无法有效实现城乡环境综合治理。三是环境污染的治理成本相当高，市场难以承担这高昂的费用。市场讲究收益与成本，在收益远远填补不了成本的情况下，市场就会避而远之。城乡环境综合治理过程中必然存在环境污染治理的问题，相关治理成本市场难以承担也不愿承担。四是当前环境资源领域，市场难以形成或发育不健全，如当前不存在草原资源市场，使得草原资源因为过度放牧而日益稀缺；煤矿资源市场发育不健全，煤矿资源价格只体现了劳动力成本、资金成本、运输成本，并没有反映出生产过程中的环境成本。总之，市场由于无法获取和提供对称的环境信息，也无从补偿和纠正环境中的经济外部性，难以有效地维持城乡环境利益的协调。再加上城乡环境综合治理难题的社会性和公共性，实现城乡环境综合治理已经超出市场行为可以达到的界限。

最后，政府有责任也有能力实现城乡环境综合治理。

政府对保护和改善现代人和后代人的环境、对实现城乡环境综合治理具有责任。政府以实现公共利益为服务目标，城乡环境综合治理问题涉及的是城市与农村、城市居民与农村居民的环境公共利益。政府作为全社会公共利益和长远利益的具体维护者，有责任把城乡环境发展规划、城乡环境治理、城乡环境机构建设等纳入管理职能范围之内，防止破坏城乡环境综合治理的行为发生。此其一。其二，政府代表着整个社会，拥有效用最高的权力，具有凌驾于其他一切社会组织之上的权威性和强制力，对全体社会成员具有普遍约束力，肩负着维护社会秩序和解决各种争端和冲突的责任。因此政府有能力保护城乡环境利益，有能力惩治破坏城乡环境综合治理的组织和个人。其三，政府机构是一个有机整体，它由具有不同职能的机关按照一定的原则和程序结成严密的系统，由具有不同职权的个体按照人事组织管理原则结成有效的人事制度，它们各司其职，各尽其能，各负其责，这就为实现城乡环境综合治理提供了重要保障。可以由专门的机构和专门的人员负责协调城乡环境利益冲突；

或者在政策制定过程中特别强调城乡环境综合治理发展的重要性，避免破坏城乡环境综合治理的政策出台。因此，要实现城乡环境综合治理，就必须发挥政府的环境保护职能。

二 健全政府环境保护职能

政府是生态文明建设的领导者、组织者和管理者。在城乡环境综合治理问题上，环境监管执法不足导致城市与农村、城市居民与农村居民的环境利益没有得到应有的维护，城乡之间、城乡居民之间环境利益冲突不断。由此，明确政府在实现城乡环境综合治理中的责任是解决城乡环境利益冲突的出路所在。

（一）正确认识城乡环境利益差异，使城乡获得一样的环境治理保障

城市的跨越式发展忽视了中国农业大国的基本国情，农村的土地资源和生态环境在城镇化的口号下被不断破坏。城乡二元结构造成城市的强势和农村的弱势，“单一城市化的一元社会结构”取代城乡二元结构的简单做法，并不能解决城乡环境综合治理难题。实现城乡环境综合治理是城乡两大相对独立系统相互关联、相互作用、相互妥协的系统演化过程。因此，要实现城乡环境综合治理，政府必须在思想上认识到，城乡环境综合治理不是将城乡环境利益简单同质化，而是要尊重城乡差异，协调城乡环境利益，以实现城乡系统整体功能最优。

第一，政府应尊重城乡在具体环境利益上的差别，不将城市的环境发展模式简单套用到农村。当前，城乡在客观环境方面存在很大差别：城市远离自然环境，只能在狭小的空间内建造各种美丽的公园、花园；农村亲近自然，拥有大山、大江、大河。城乡在环境方面存在的这些差别也就决定了城乡在具体的环境利益上也存在一定差别。因此，推动城乡环境综合治理要求政府正确认识城市环境与农村环境的区别，不能盲目地将城市环境发展模式套用到农村，不能简单地认为维护农村环境利益只要“照葫芦画瓢”——建房子、建花园、建广场——就可以。

不只城乡在环境方面存在巨大差别，即使同一地区不同城乡间的环境利益也有所差别。城乡环境综合治理的实现是一个艰难而漫长的过程，这更是要求政府尊重城乡差异，处理好各种复杂关系，用多元多维的政策制定理念在差异中求同，寻找实现城乡环境综合治理的关键点和突破点。

第二，政府正确认识城乡居民的环境需求差异，不能把农村居民的需要简单地等同于城市居民的需要。需要是人的本性。每个人的需要层次是一样的，但每个人的需要程度或处于需要的具体阶段不同。当前由于各地经济发展水平差异较大，城市居民和农村居民间的需要也有很大不同，城市居民更多地追求高质量、高品位的生活，农村居民更多地追求物质生活的满足。每个人对于环境的追求也是不同的，城市居民追求的是优雅美丽，农村居民追求的是整洁。不同的追求使得政府在破除城乡二元结构过程中，不能机械地把城市居民的需要套用到农村居民身上，而是应该在尊重城乡居民需要差异的基础上探索不同的发展途径。

（二）加强农村环境机构人员设置，使农村获得同城市一样的环境治理保障

“十三五”规划中明确指出：“改革环境治理基础制度，建立覆盖所有固定污染源的企业排放许可制，实行省以下环保机构监测监察执法垂直管理制度。建立全国统一的实时在线环境监控系统。”① 这对建立健全环境保护机构提出了目标。我国环境保护实行属地管理制，在当前的环境机构设置、人员配备和环境监管上，城市显然优于农村，因此，这里重点讨论农村的环境机构建设。

第一，健全农村生态环境机构设置。当前生态环境机构建设止于县区一级，农村生态环境机构建设严重不足。以福建省生态环境机构（见表 6-1）为例，从省级到区级，均建立起较为完备的机关处室，能有效

① 《中共中央关于制定国民经济和社会发展第十三个五年规划的建议》，人民出版社，2015，第 27 页。

地开展监管活动，但在乡镇一级却找不到相应的完整的环境保护机构。随着城市工业向农村扩散、延伸，当前的生态环境行政机构设置已经不能满足现实需要，要求政府的环境保护职能也应当向农村延伸、匹配。因此，有必要探索建立农村环境管理机构，明确农村环境管理机构的职能，如设立环境保护办公室，主要职能是政策咨询、环保宣传、配合上级环境执法、反馈基层环境状况、落实上级环境保护政策；并且配备相应的环保信息员、专职或兼职环保干部，及时将农村出现的环境污染问题和环境保护难题、农村居民的环境保护困惑向上一级生态环境职能部门传达；建立起"省—市—县（区）—乡镇—村"立体式环境管理体系，使环境管理链条真正延伸到基层。

表 6-1　福建省各级环境保护机构

福建省 生态环境厅	福州市 生态环境局	仓山区 环境保护局	乡镇
办公室	办公室	办公室	
省生态环境保护督察监察办公室	综合处（规划法规处）	生态综合科	
综合处	财务与监测科技处	污染防治科	
法规处	自然生态保护处	审批监管科	
科技与财务处	水生态环境处 （环境督察处）	监测站	
自然生态保护处	海洋生态环境处	执法大队	
水生态环境处	大气环境管理处	核与辐射安全 监督站	
海洋生态环境处	土壤生态环境处		
大气环境处	核与辐射监管处 （核应急处）		
土壤生态环境处	行政审批处		
固体废物与化学品处	人事处		
核与辐射监管处	机关党委		
核应急与环境应急处 （省核安全与核事故应急指挥办公室）	12 个派出生态环境局		
环境影响评价与排放管理处	4 个直属单位		

续表

福建省 生态环境厅	福州市 生态环境局	仓山区 环境保护局	乡镇
生态环境监测处			
人事处			
机关党委			
第一环境监察专员办公室			
第二环境监察专员办公室			
第三环境监察专员办公室			
21个直属单位			

资料来源：作者根据福建省生态环境厅官网、福州市生态环境局信息整理而得。

第二，加强农村环保队伍建设。城市有保洁人员、专门的垃圾处理人员维护市容环境，而大多数农村没有专门的保洁人员维护环境整洁，更不用说专门的环保工作人员了。因此，加强农村环保队伍建设显得尤为重要。可以从以下几个方面着手。一是可以根据农村的面积大小、居民数量、居民分布等情况将农村划分成几个区，每个区配备相应数量的保洁人员，采取包片负责制，每个保洁人员负责划片范围内的道路及公共场所的卫生保洁和垃圾收集。设有垃圾填埋场的农村还要安排专门的垃圾处理人员负责垃圾的清理、转运和掩埋，确保垃圾"日日清"。二是加强对农村环保工作人员的专业培训，建立从市到乡（镇）再到村的三级环保工作人员的业务培训体系，培训内容为环境法律法规运用、环境保护知识、环境污染应急方案、监测监察仪器设备使用、环境信息数据库建立等，不断提升环保工作人员的专业知识水平和技能。三是开展就近岗位交流，使农村之间或不同的农村之间的环保工作人员，特别是环保工作管理人员可以进行岗位交流，交流时间以1~2年为宜，使环保工作人员能够了解更多关于环境保护的信息，了解其他农村地区环境保护的对策方法，通过发现差异、比较差异，集思广益，更好地保护农村环境。

（三）加大城乡环境保护投资力度，使城乡获得一样的环境治理保障

生态环境质量总体改善是全面建成小康社会的目标要求之一，要实现这一目标就必须治理好城乡环境、协调好城乡环境利益关系。治理城乡环境、实现城乡环境综合治理是渐进的过程，是一个不断追加社会投资的过程。

第一，建立财政对城乡环境投入新机制。一是加大城乡环保投入力度，提高城乡环境保护建设投入比例，确保财政对城乡环境投入的增幅略高于经济增长速度。“十三五”期间，高达17万亿元的环保投资为城乡环境建设、环保行业发展带来充足的保障。二是进一步完善环境保护建设专门预算科目，将科目设置的“环境保护”大类进一步细化，单列城市环境治理项目和农村环境治理项目，增加“环保节能”“环保基础设施”“废气污染物减排”“废水污染物减排”“固体污染物减排”等款项，再下设子目录，以便及时掌握和统筹环保资金的流动情况。三是根据城乡环境利益的不同特点，创新财政投入手段，最大限度地实现财政投入的效益。如设立担保风险补偿基金，一旦发生风险，可由政府或第三方组织进行评估，再根据评估结果，酌情给予补偿资金。

第二，优化财政投入结构。政府加大对城乡环境利益关系的协调力度，除了注重投资金额数量的增加，还要注重财政投入结构的优化，要把资金用在刀刃上，真真正正发挥作用。一是财政资金应向农村环境治理与建设倾斜，使农村获取与城市一样的环境治理保障。在城乡环境利益关系中，农村常常处于弱势，很大的原因在于财政资金的短板，使得农村难以应对环境污染，而不得不用被污染的水和土壤种植农产品。因此，财政资金应向农村环境治理倾斜。可以设立农村环境保护治理专项资金，用于农村水土资源保护、林木资源保护、垃圾填埋场建设与维护、集约化禽畜养殖污染防治等方面；可以对环境保护到位的农村实行财税优惠政策，对符合环保要求的企业降低或免征税费，并在贷款力度上给予一定的优惠，降低农村企业环境治理成本，促进农村环境的改善。二

是财政资金应向绿色产业倾斜。城乡绿色生产力的发展需要发展绿色产业，绿色产业的发展前期往往需要投入大量的资金，节能减排科技的研发、示范和推广，绿色产业的培育都需要大量资金的注入，并且绿色产业资金回笼的周期一般较长，政府财政资金的大量投入是绿色产业发展的重要保障。

第三，形成企业和社会多元化投入机制。环境的公共产品属性决定了其投资大、见效慢的特点，个人或市场都难以独立承担起协调城乡环境利益关系的责任。但这并不意味着个人和市场可以不承担责任。当前城乡环境利益协调问题的复杂性，使得仅仅依靠政府的投入难以解决所有的城乡环境治理难题。因此政府在担负起主要责任的同时，应积极推动社会形成多元环境投资机制。一是引导个人、私人企业、社会组织积极参与城乡环境保护，积极探索政府和社会资本合作模式，逐步形成一个政府、企业和个人多方共同参与的多元化环境投资机制。二是将可赢利的、以市场为导向的环境保护产品推向企业，使企业在不侵害城乡环境利益的前提下获取一定的利润，提高企业参与城乡环境保护的积极性。

（四）加强农村环境公共服务建设，使农村获得同城市一样的环境治理保障

环境公共服务主要包括污水处理服务、环境检测服务、空气净化服务、固体废物处理服务、环境信息发布平台、环境监管服务、环境应急服务等基本公共服务。当前，城市较农村环境公共服务建设更完善，因此，加强农村环境公共服务建设成为当务之急。

第一，建设污水处理设施，切实保障农村饮水安全。根据农村的不同情况，采取不同建设方法。主要考虑两个因素：农村的地理位置和农村的经济状况。根据这两个因素，可做如下安排：一是按照区域共享的原则，靠近城市并且经济状况较好的农村可以考虑纳入市政管网统一处理模式，适当扩大城市污水处理厂规模，统一处理村庄污水，统一城乡污水处理收费标准，对不能纳入城市污水收集管网的农村，要因地制宜

建设污水处理设施；二是离城市较远且经济状况较好、村庄规模较大、人口较多的农村可以考虑建立自己的污水处理设施；三是村庄规模较小、人口较少但地理位置比较接近的几个农村可以打破行政区限制，共同规划，联合建立污水处理设施，统一处理几个村庄的污水，确实没有能力建立污水处理设施的农村，县城和中心镇污水处理设施要尽可能向附近农村延伸，让更多的农村居民从中受惠。

第二，建设垃圾处理设施，切实保障农村环境安全。垃圾处理设施建设不能只考虑垃圾收集处理的需求，而是要充分考虑周边地理环境对垃圾的接纳能力，并且充分考虑居民的意愿，与居民充分协商，在充分尊重居民的意愿、保障垃圾处理设施安全、约定风险补偿的基础上建设垃圾处理设施，并建立起完善的垃圾收集、转运、掩埋处理系统。一是按照区域共享的原则，靠近城市的农村可以与城市连成一体，适当调整城市垃圾处理厂规模，自上而下逐步建立和完善生产生活废弃物处理系统：城市与农村都建有足够数量的垃圾收集点，乡镇（街道）建有垃圾中转站，由垃圾处理厂统一处理城乡垃圾，城乡统一垃圾处理收费标准。二是远离城市但村庄规模较大、人口较多的农村可以自己设置垃圾收集点，建立垃圾处理厂。三是远离城市且村庄规模较小、人口较少的邻近的几个农村可以打破行政区限制，共同规划，联合建设垃圾处理厂，各村庄设置垃圾收集点；或者可以采取就地分拣、综合利用、无害化处置的方式消化农村生产生活垃圾，建立符合农村发展要求的垃圾处置体系，保障农村环境安全。

总之，各级政府应该全面推进省、市、县（区）、乡（镇）、村环境公共基础设施建设和监管能力建设，以城市为圆点向农村延伸和辐射，做到全覆盖，使不同地区、不同阶层逐步享有基本均等的环境公共服务；积极探索适合不同区域特征的城乡环境基础设施建设路子，实现城乡环境公共服务共建共享、互惠互利。

（五）制定城乡环境保护总体规划，使城乡获得一样的环境治理保障

城乡环境保护总体规划是我国城乡总体规划的重要组成部分，以城

乡环境保护和生态建设为宗旨，通过一定的统筹规划使城乡环境达到一定标准。城乡环境保护总体规划既有空间规划又有产业规划，涉及的内容相当庞杂，具有很强的综合性，完善城乡环境保护总体规划是一项维护公众利益、体现公平正义的公共政策，是城乡环境利益协调的重要保障。

城乡环境保护总体规划从规划类型看主要由三个部分——环境保护总体规划、环境保护专项规划和区域环境保护规划组成，三者之间的关系是指导与被指导的关系；从空间尺度上看，形成“国家—跨省—省域—跨市—市域—县域—镇乡域—村域”自上而下的城乡环境规划体系（见图6-1）。具体说来，国家层面有国家环境保护总体规划，国家水环境、大气环境保护等专项规划，全国主体功能区环境保护规划；跨省层面有经济区（城市群）环境保护总体规划、经济区（城市群）环境保护专项规划、四大主体功能区环境保护规划；省域层面有省域环境保护总体规划、省域环境保护专项规划、省域主体功能区环境保护规划；跨市层面有经济区（城市群）环境保护总体规划、经济区（城市群）环境保护专项规划；市域层面有市域环境保护总体规划、市域环境保护专项规划、市区环境保护规划；县域层面有县域环境保护总体规划、县域环境保护专项规划、县城与开发区环境保护规划；镇乡域层面有镇乡域环境保护总体规划、镇乡域环境保护专项规划、镇区与开发区环境保护规划；村域层面有村域环境保护总体规划、村域环境保护专项规划、新农村建设与村庄环境保护规划。

从环境保护总体规划到环境保护专项规划再到区域环境保护规划，构建起城乡环境保护总体规划，将城乡水环境、大气环境、噪声环境、农村生态环境、土壤环境、人居环境等不同介质环境的治理与保护统统纳入这一总体规划中，这有利于各级政府充分了解当前城乡环境利益冲突情况；有利于各级政府统筹城乡经济发展与环境保护的关系，统筹城市环境保护建设和农村环境保护建设的关系；有利于各级政府满足城乡建设宜居家园的需要、满足城乡居民健康生活的需要；有利于各级政府

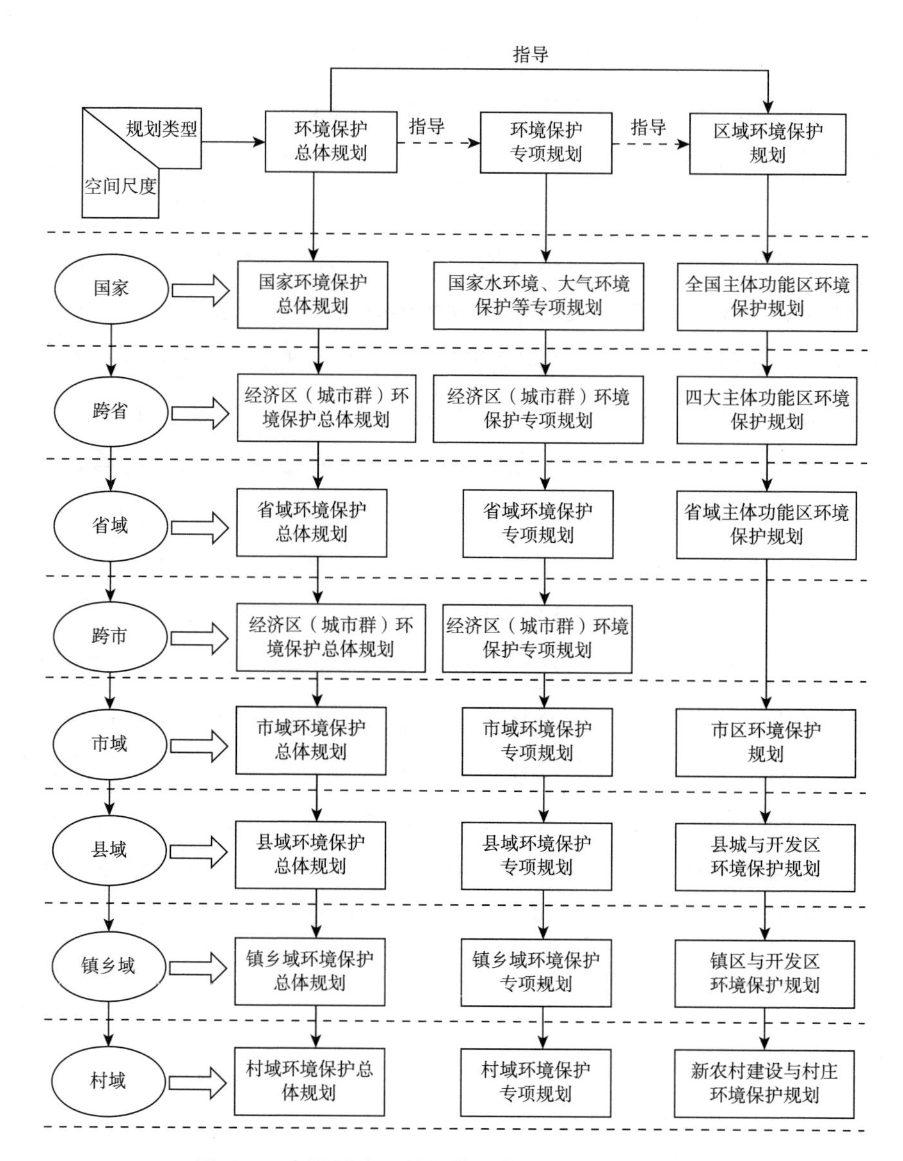

图 6-1　中国城乡环境保护总体规划体系基本框架

资料来源：方创琳、方嘉雯：《如何完善城乡环境保护总体规划体系》，《环境保护》2012 年第 6 期。

协调城市与农村的环境利益关系、协调城市居民与农村居民的环境利益关系，使城乡获得同等的环境治理保障。

第四节 完善立法 严格执法

造成城乡环境综合治理难题一个很重要的原因是环境法制的不健全与环境法治的疲软。没有健全的法律制度，在处理城乡环境利益冲突过程中就没有充足的法律依据，就会陷入茫然不知所措的境地；没有严格的法律执行力度，在处理城乡环境利益冲突过程中就没有威慑力，就无法达到敲山震虎的效果。只有完善城乡环境立法与严格执行城乡环境法律法规，才能为城乡环境综合治理的实现提供保障。

法律是十分重要的。一个正义的社会不仅追求公平公正的社会氛围，还要尽最大的努力避免危害结果的产生，一旦危害结果产生，正义的社会也能运用建立起来的制度较好地保护受害者的利益；同样一个讲究环境公平的社会不仅追求人与人之享有平等的环境利益，还要尽最大的努力避免环境污染后果的产生，一旦污染后果产生，环境公平的社会也能运用建立起来的制度，坚持“惩治污染者、保护受害者、最大限度修复环境”的原则保护好受害者的利益。而要实现这种公正、公平，没有法律的保障是不可能的。法律路径是解决利益冲突的强制措施，任何社会的利益调解必然需要借助法律的刚性约束来实现，并通过法律形式固定下来。城乡环境综合治理的法律制度是以维护城乡环境正义、实现城乡环境公平为目标的一系列环境政策和法律法规的总称，其目的是保护所有城市与农村、城市居民与农村居民的正当环境权益。构建城乡环境综合治理的法律路径，可以为公众参与和实现环境正义构建司法屏障。

一 完善城乡环境法制

我国环境法律体系的建立始于1978年，这一年，环境保护工作首次被列入国家根本大法；1979年，具有历史意义的中国第一部环境保护法——《中华人民共和国环境保护法（试行）》颁布，标志着中国环境保护进入法制轨道。40多年来，环境法制日臻完善。但从当前的城乡环境现状看，当前的环境法律文件在制定过程中还存在不足，在城乡环境综合治理问题上表现为忽视城乡居民的环境权的平等性、忽视农村环境法制建设等。

第一，完善城乡环境法制，坚持城乡平等的法律地位，坚持城乡居民享有平等的环境权。现行的环境保护体系已经确立了“污染者付费、开发者保护、受害者获赔”的原则，但在实践中，责任模糊、监督滞后、执法疲软等因素使得受害者的环境损失往往无法弥补，特别是农村、农业、农村居民的环境损失。环境法制建设的不完善，使得城市与农村之间的利益协调难上加难。因此，完善城乡环境法制，必须坚持城乡平等的法律地位，必须坚持城乡居民享有平等的环境权。

一是制定法律文件时应充分考虑农村情况。当前一些法律法规对农村环境保护重视不够，以 2003 年 7 月 1 日起施行的《排污费征收使用管理条例》（以下简称《条例》）为例，《条例》中“县级以上”出现 10 次，“县级以下”“乡镇”“农村”出现 0 次，并且明确指出：“排污者向城市污水集中处理设施排放污水、缴纳污水处理费用的，不再缴纳排污费。排污者建成工业固体废物贮存或者处置设施、场所并符合环境保护标准，或者其原有工业固体废物贮存或者处置设施、场所经改造符合环境保护标准的，自建成或者改造完成之日起，不再缴纳排污费。”[①] 显然，《条例》中关于城市环境利益保护的内容相对完善，农村环境利益保护的相关内容并未涉及。环境法制建设应兼顾城市环境治理的需要和农村环境治理的需要，城乡本是一体，一荣俱荣、一损俱损，制定法律文件时必须考虑农村环境保护问题。新修订的《环境保护法》虽然增加了农村环境保护的相关规定，并进一步明确了各级政府在农业和农村环境保护方面的职责（见表 6-2），但类似“谁来执行？谁来监督？负不了责怎么办？负不起责怎么办？”等问题还没有相应的细则。因此仅仅

① 《排污费征收使用管理条例》，2003 年 1 月 2 日，中华人民共和国中央人民政府官网，http://www.gov.cn/gongbao/content/2003/content_62565.htm，最后访问日期：2020 年 9 月 15 日。

只有新环保法的相关规定是不够的，还需制定专门针对农村环境治理的规范性法律文件或是在现有的环境法律文件中增加农村环境治理的条款，使农村环境治理有法可依。

表 6-2　2015 年《中华人民共和国环境保护法》中关于农村环境保护问题的规定

条款	内容
第三十二条 [第三章 保护和改善环境]	大气、水、土壤等调查、监测、评估和修复制度
第三十三条 [第三章 保护和改善环境]	农业环境保护技术促进 加强农业污染源监测预警 防治生态失调现象 植物病虫害综合防治 农村环境保护公共服务和农村环境综合治理
第三十五条 [第三章 保护和改善环境]	城乡建设保护植被、水域和自然景观
第四十九条 [第四章 防治污染和其他公害]	政府指导合理施用农药、化肥，科学处置农业废弃物，防止农业面源污染 固体废物、废水、重金属、有毒有害物质污染防治 畜禽养殖污染环境防治
第五十条 [第四章 防治污染和其他公害]	政府财政预算支持农村饮用水水源地保护、生活污水和其他废弃物处理、畜禽养殖和屠宰污染防治、土壤污染防治和农村工矿污染治理等工作
第五十一条 [第四章 防治污染和其他公害]	统筹城乡环境保护公共设施

资料来源：作者根据 2015 年 1 月 1 日起施行的《中华人民共和国环境保护法》条款整理而得。

二是制定法律文件时应注意城乡居民享有平等的环境权。环境权是一项新兴的权利，也是公民的一项应有的权利，关系到每个公民的切身利益。环境权是一个由公权与私权、程序权利与实体权利所构成的内容丰富的权利体，它包括环境资源利用权、环境状况知情权和环境侵害请求权。城乡居民的环境权是平等的，不因种族、阶层、年龄、性别等而有所不同。当前，在法律的制定和具体权利义务的设置中，诸多法律条款涉及城市居民的环境权，农村居民的环境权没有得到充分体现。因此，制定法律文件时必须充分考虑农村居民的环境权，即保障农村居民享有利用环境资源的权利、了解环境状况的权利和环境侵害请求的权利，特别要照顾扶持环境弱势群体，为其生存发展提供基本的环境资源条件。这样才能够充分保证农村居民的环境利益，促进城乡环境综合治理的实现。

第二，完善城乡环境法制，坚持城乡环境法制建设各有特色。完善城乡环境法制，促进城乡环境利益协调，并不是说城市与农村的环境保护法律体系要一模一样。城市与农村不同的环境特点决定了城市与农村环境法制建设各具特色。

一是城市环境保护法律体系重善治，即实现环境公共利益最大化。当前，我国城市发展迅速，已经逐渐建立起较为完善的环境保护法律体系，如《城市绿化条例》、《城市市容和环境卫生管理条例》、《城市园林绿化企业资质管理办法》、《城市园林绿化企业资质标准》、《城市环境卫生设施设置标准》和《城市建筑垃圾管理规定》、《城市生活垃圾管理办法》、《城镇排水与污水处理条例》、《关于进一步加强城市规划建设管理工作的若干意见》等一系列法律文件。城市环境保护法律体系已经不再是纯粹为了治理环境污染，而是要在实现环境公共利益最大化上下功夫，如建设“生态城市”，制定与生态城市建设相关的法律文件——《生态城市促进法》。城市环境保护法律体系以实现环境善治为目标，必然会考虑如何发展环保节能产业、如何绿化美化城市环境，追求建设宜居城市，必然顾及农村环境保护和农村居民的环境利益，在一定意义上有利于促进城乡环境利益协调的实现。

二是农村环境保护法律体系重治理，即防治环境恶化，处理环境污染。当前，我国农业发展迅速，但由于整体技术含量低、环保意识不到位，化肥、农药、生长调节剂、农膜等农业投入品不科学使用现象普遍存在，大量种养殖业废弃物得不到有效处理，导致农业源污染形势严峻。因此，当前农村环境保护法律体系建设重在防治环境恶化，如防治植被破坏、水土流失、水体富营养化、水源枯竭、种源灭绝以及防治土地沙化、盐渍化、贫瘠化、石漠化、地面沉降等生态失调现象，推广植物病虫害的综合防治；处理环境污染，惩治造成环境污染的企业或个人。当前的农村环境保护法律体系应在这些方面下功夫，建立相对应的法律体系，使农村环境保护、环境治理有法可依。农村环境保护法律体系以实现环境治理为目标，必然会考虑如何运用科学的生产方式进行生产、如何生产绿色产品，追求建设美丽乡村，这在一定程度上避免了对城市和城市居民环境利益的侵害，在一定意义上有利于促进城乡环境综合治理的实现。

二　建立责任追究机制

实现城乡环境综合治理必须落实责任主体，建立与权利责任相匹配的奖惩机制，才能使综合治理的政策措施得到有效执行。城乡环境综合治理中有两大责任主体——政府与企业，不同责任主体承担的权利和义务也不相同。党的十八届三中全会明确指出：实行最严格的责任追究制度。这意味着两大责任主体一旦违反环境保护相关法律就必须承担相应的法律责任。

第一，党政生态环境损害责任追究机制。

城乡环境关涉到城市居民与农村居民的健康生存和自由发展，城乡环境利益属于典型的公共利益。因此，政府也自然而然成为城乡环境利益的维护者，实现城乡环境综合治理最重要的主体。但由于设计政府的初衷不只是保护环境，且保护环境仅是政府追求的多元化目标之一，加之解决社会主要矛盾的客观必然性，保护环境往往被置于一旁，政府不能按照理论设计、按照公众的预期实现其保护环境的职能，甚至有时出现违反环境保护相关法律的行为。因此，只有用法律来规范权力，用法律来约束权力，才能让权力发挥正面效应。

在城乡环境综合治理过程中，当党委和政府没有履行好城乡环境保护责任时或者制定的政策引起城乡环境利益冲突时，党委和政府应该追究行政责任甚至是法律责任，相关领导人轻则引咎辞职，被问责，重则承担法律责任。这也就意味着对生态环境损害进行责任追究时，追究主体不仅有执行主体还有环境决策主体。2015 年 8 月 17 日，中共中央办公厅、国务院办公厅印发《党政领导干部生态环境损害责任追究办法（试行）》（以下简称《办法》），《办法》强调党委和政府在环境保护治理体系中协同监管的职责，推行环境保护“党政同责、一岗双责、失职追责”，详细规定了各种环境损害责任追究办法，并要求必须依照法律法规，客观公正地认定党政责任，做到权责一致、责任终身追究。当前，一是必须制定具有可操作性的环境损害责任追究实施细则，尽可能详细地规定党政有关部门的职责内容、责任类型和追责内容，明确追责程序。二是必须明确责任追究是终身制。环境损害不同于人身权、财产权的损害，环境损害往往隐蔽、范围广、影响恶劣、难以救济。因此，对环境损害追究责任应是终身制，使党政领导人在进行各项政策制定的时候时时以环境保护为重、以人民的环境利益为重。三是建立环境损害责任追责联动机制，加强环境和资源保护相关部门、纪检监察机关、司法部门、组织（人事）部门之间的沟通协作，使其相互监督，形成工作合力。总之，《办法》用严格的标准规范党政领导的行为，用严厉的处罚警示党政履行好环境保护职能。生态环境损害责任追究机制的建立与完善为实现城乡环境综合治理提供了重要的法律保障。

第二，企业生态环境损害责任追究机制。

社会主义现代化建设过程中，制度不完善、监管不到位，以追求利润为目标的企业不可能自觉承担盈利以外的社会责任，遑论环境保护责任，这势必造成对产权模糊的资源和环境的损害。再加上环境保护所耗费的巨大成本更是使企业避而远之。在生产经营过程中，追求利润最大化是企业的目标，保护环境、治理污染是企业的义务与责任。当企业怠于履行环境保护责任，侵犯利益相关者的合法权益时，就必须对企业的环境侵权行为进行惩罚。

一是制定企业生态环境损害责任追究的专门的规范性文件。当前环境法律体系中没有独立的企业生态环境损害责任追究的专门性文件，已有的企业生态环境损害责任追究的条款散落在各类环境保护规范性文件中，如《环境行政处罚办法》第十条规定环境行政处罚的种类共有八种：警告；罚款；责令停产整顿；责令停产、停业、关闭；暂扣、吊销许可证或者其他具有许可性质的证件；没收违法所得、没收非法财物；行政拘留；法律、行政法规设定的其他行政处罚种类。又如《杭州市生态文明建设促进条例》规定：企事业单位和其他生产经营者是生态文明建设和环境保护的主体，对其排污行为等负主体责任，实行责任终身追究制。仅有的这些条款没有详细的操作程序，宽泛的文字表述不能起到有效的约束作用。因此，必须制定一部企业生态环境损害责任追究的专门性的法律文件，详细地写明“立法目的”“适用范围”“处罚类别”“惩处方式”等。总之，必须充分利用法律的稳定性和权威性，以法律为武器，强制企业承担由于自身行为而产生的环境成本，建立起维护公众环境利益的屏障。

二是提高企业违法成本，强化对企业生态环境损害责任的追究机制。“违法成本低”是处理环境污染的痼疾，中国政法大学王灿发教授在《环境违法成本低之原因和改变途径探讨》一文中写道：我国环境违法成本相当低，平均起来不及治理成本的10%，不及危害代价的2%。[①] 作为追求利润最大化的企业，当它们发现违法可以比守法得到更多好处时，它们中的一部分便会置法律于不顾，便会义无反顾地选择违法。以大气防治为例，企业建设脱硫脱硝除尘设施和维持设施正常运行所需费用高达数百万甚至数千万元。而2016年实施的《大气污染防治法》规定，向大气排放持久性有机污染物的企事业单位和其他生产经营者以及废弃物焚烧设施的运营单位，未按照国家有关规定采取有利于减少持久性有机污染物排放的技术方法和工艺、配备净化装置的，处1万元以上10万元以下的罚款；拒不改正的，责令停工整治或者停业整治。1万~10万元的处罚成本远远低于环保设施的建设成本，又如何能对企业的行为具有强约束力呢？因此，对企业进行生态环境损害责任追究，一个很重要的途径就是提高违法成本。提高企业违法成本的方式有很多种：高额罚

① 王灿发：《环境违法成本低之原因和改变途径探讨》，《环境保护》2005年第9期。

款，罚款金额应高于盈利额度；列入污染企业黑名单，并向社会公开；追究企业法人的刑事责任等。通过提高企业违法成本强制企业承担环境保护责任，不仅能为企业全面、持续地承担环境责任提供重要保障，也能有效地遏制企业污染环境行为的发生，进而维护城乡居民的环境利益，推动城乡环境综合治理的实现。

三 建立生态补偿机制

《中华人民共和国国民经济和社会发展第十一个五年规划纲要》提出："按照谁开发谁保护、谁受益谁补偿的原则，建立生态补偿机制。"[①] 党的十八大报告和十八届三中全会再次强调建立生态补偿机制。生态补偿制度是指一方面运用行政、法律、经济等手段对造成生态破坏、环境污染问题的组织和个人的负外部性行为进行收费（税）；另一方面，运用经济手段对在进行环境保护、污染治理和生态修复过程中付出代价、做出牺牲的组织和个人进行经济补偿，并以法律的形式给予其确认和保障。生态补偿机制有利于平衡不同利益主体间的经济利益和环境利益。在城乡环境利益博弈过程中，农村和农村居民往往处于弱势。建立生态补偿机制，有利于维护农村和农村居民的环境利益，促进城乡环境综合治理的实现。

第一，建立生态补偿机制，使生态补偿有法可依。

出于涉及利益主体较多、补偿主客体不明晰、补偿领域宽泛、补偿标准多样等原因，建立生态补偿机制是一项艰巨而复杂的系统工程。当前，从中央到地区再具体到各部门都在积极探索建立生态补偿机制，逐步建立生态补偿的政策体系。如 2005 年杭州市颁发的《关于建立健全生态补偿机制的若干意见》，2005 年浙江省颁布的《关于进一步完善生态补偿机制的若干意见》，2014 年苏州市颁布的《苏州市生态补偿条例》，2015 年中共中央办公厅、国务院办公厅出台的《生态环境损害赔偿制度

① 《中华人民共和国国民经济和社会发展第十一个五年规划纲要》，人民出版社，2006，第 46 页。

改革试点方案》等，对我国生态环境损害赔偿制度改革做出全面规划和部署。建立生态补偿机制是一个先易后难、由小到大的过程：一是从个别试点到强化试点再到全国推广；二是从单一要素补偿到分类补偿再拓展到综合性补偿；三是从行业生态补偿办法、专项生态补偿办法到综合的生态补偿条例，再到一套分工明确又相互衔接的生态补偿规范性文件，最终形成适合于我国国情的生态补偿机制。

第二，建立生态补偿机制，维护农村和农村居民的环境利益。

中国现代化建设进程中，经济发展在不同程度上破坏城乡自然环境，农村自然环境也被破坏，尤为明显，城乡环境利益处于不平等状态，要改变这一不平等的状态可以运用协调谈判的方法，坚持区域共同发展，建立城市向农村的生态补偿机制，如城市向农村提供资金补偿，帮助农村发展节能环保型产业（如旅游、服务等）或替代产业；城市向农村提供技术补偿，帮助农村建设环境保护基础设施，治理环境污染问题；城市向农村提供智力补偿，派遣环境专家、学者、技术人员无偿提供技术咨询和指导，帮助培养农村环境技术和管理人才。如 2004 年 9 月 8 日，浙江省金华市金东区傅村镇和源东乡就水资源使用问题签订协议，协议有效期为 2 年，协议内容为：位于上游的源东乡保护和治理上游生态环境，确保下游用水安全；位于下游的傅村镇每年向源东乡付 5 万元的费用，作为生态补偿费用。①

第三，建立生态补偿机制，政府与市场双管齐下。

建立生态补偿机制，政府与市场都很重要。当前生态补偿主要有两种方式——以政府购买为主导的公共支付体系补偿方式和以市场手段来实现生态补偿的方式。环境的公共产品属性、环境问题的外部性以及利益主体关系的复杂性使得“谁受益谁补偿”的原则难以实现，这就要求政府仍要承担起生态补偿的责任，采取多种形式落实生态补偿责任，如补贴、奖励、专项拨款、税收返还等。此其一。其二，以政府购买为主

---

① 《金华探索：生态补偿成功立制》，2005 年 10 月 14 日，新浪新闻中心，http：//news.sina.com.cn/c/2005-10-14/05057164174s.shtml，最后访问日期：2020 年 11 月 10 日。

导的公共支付体系补偿方式单一，又缺乏灵活性，不能很好地满足现代市场发展的需要，于是需要以市场手段来弥补政府供给的不足，实现生态补偿。当前比较被认可的市场调节手段是可交易的许可证制度，这一制度主要应用于排污权交易和水权交易，其本质是合法排污权和水权以许可证的形式被允许发放给拥有合法排污权和水权的主体，这种权利被允许像商品一样自由买卖。我国最早开展的区域之间的水权交易案例是2000年11月富水的东阳市和缺水的义乌市签署水权转让协议，义乌市一次性出资2亿元购买东阳横锦水库每年5000万立方米水的永久性使用权。在城乡环境综合治理过程中，或是运用经济手段、行政手段来弥补环境利益受害者的损失，或是运用市场手段来协调利益主体的矛盾与需求，从而有效地推动城乡环境综合治理的实现。

四　坚持严格执法

制定法律并不难，难就难在贯彻执行上。逐步完善的法律规范还要有严格的执法做保障。新环境保护法被称为史上最严格的环境保护法，这一严格不能只体现在治理的强度和惩处的力度上，还应体现在严格执行法律规定，落实处罚方面。当前，推动城乡环境综合治理的法律规范已经陆续建立起来，并不断地完善，要实现城乡环境综合治理就要严格遵守这些法律规范，否则，有法不依、执法不严，这些法律规范也就只是纸上谈兵，毫无用处。

第一，严格执法程序，推进执法公正。

法律的公正性很大程度上取决于执法程序本身，只有严格遵守法定的执法程序，使整个执法过程置于有效监督和约束下，执法才能公正。一是要有严密的执法程序。法律规范如何执行？是一级一级往下发文件？是挂在网上？还是规范执法流程？显然，三种执行方式都需要，但最重要的是规范执法流程，按照标准化、流程化、精细化的原则将法律条款落成具有可操作性的严密的执法程序，以保证法律规范真正贯彻落实。二是严格按照程序执法。有了严密的执法程序就必须严格按照程序执法，以保护执法对象的平等权利和正当权利，保障执法对象的合法权利不受侵犯，不因执法对象的身份、社会地位、国籍、种族等因素影响执法过程和执法结果。严密的执法程序和严格的执法手段是实现城乡环境利益协调的重要屏障。农村居民往往是环境弱势群体，他们很难获得与侵害施加者（如企业等）对等的社会地位。如果没有严密的执法程序和严格的执法手段，当农村居民的环境利益受到侵害时，农村居民或是诉求无门，或是只能默默承受侵害，或是在维权过程中败下阵来。

第二，执法人员必须正确执法，严肃执法。

法律仅仅是白纸黑字，没有人的解读、贯彻执行，就只是一纸空文。协调城乡环境利益，靠不断完善的法律规范是远远不够的，它需要具有较高执法能力和职业道德的执法人员将纸上的条款变成现实中具有威慑力、具有约束性的条款，变成维护环境弱势群体环境利益的法律武器，变成实现城乡环境综合治理的保护屏障。严格执法能不能实现，关键还在于执法人员的执法能力和执法态度。

一是正确执法，要求提升执法人员的执法能力。执法的政策性、专业性、技术性要求执法人员必须具有相当高的执法能力。执法能力包括法律法规条文的学习理解能力、法制宣传教育的语言表达能力、对违法行为的分析判断能力、对行政处罚文书的制作运行能力。这四种能力环环相扣，学习理解能力是基础，语言表达能力是途径，分析判断能力是关键，制作运行能力是保障。只有具有了这四种执行能力，才算得上高素质的执法人员，这也是严格执法的重要保障。

二是严肃执法，要求端正执法人员的执法态度。执法人员执法为的是保护公民的合法权益不受侵害，保护公共利益不受侵害，不为个人利益，不为某一利益集团服务。因此，执法人员应以法治为信仰，坚守法治的定力，抵制住权势、金钱、人情、美色、关系的诱惑和干扰；应坚守公正廉洁的职业道德，树立惩恶扬善、执法如山的浩然正气。执法人员能否正确执法、严肃执法是一部法律能否有效发挥作用的关键。

第五节　发挥社会力量　保护城乡环境

传统思维作用下，人们对“秩序”的要求不高，对“公正”的关注也不够。在这样的社会背景下，城乡环境综合治理难题的产生也便是必然。公民缺乏环境公平公正思想，城市居民和农村居民几乎都没有意识到各自的行为给对方带来了不好甚至恶劣的影响，也不知道如何实现城乡之间、城乡居民之间环境利益的协调发展。因此，实现城乡环境综合治理，需要从社会入手，发挥人的主体能动性，不断唤醒公民的环境保护意识、环境公正意识，让公民参与到涉及城乡环境综合治理的决策过程中；发挥城乡社区的作用，引导公民正确做好垃圾分类，培养公民良好的卫生环境习惯；发挥环保公益组织的功能，使其成为政府的左膀右臂，为公民提供各种专业咨询、技术服务，对公民进行环境公平公正思想的宣传教育。

一　发挥城乡居民的主体能动性

享有权利和承担责任是同时存在的。人既然有权利从环境中获得好处，也就应该发挥自身的主体能动性，承担起环境保护的责任，承担起维护环境正义的责任。只有这样，才能在全社会范围内形成“权力—责任”的环保意识，形成“平等环境权”的环境公平意识；才能促使环境利益在城乡之间科学流动和合理分配，维护城乡居民正当的环境利益；也才能建立起城乡环境综合治理的整体格局和良性机制。因此，实现城乡环境综合治理，应该积极发挥人的主体能动性。

（一）发挥人的主体能动性，实现城乡环境综合治理

在马克思主义理论体系中，人具有主体性。人与动物是不同的，人能主动控制自己的生命活动，并把它变成自己的意志和意识的对象，使之符合一定目的。随着社会的发展，公民的主体性越发显现出来，在社

会发展中的作用也越来越突出。要实现城乡环境综合治理，就要发挥公民的主体性作用。

首先，人是社会的主体，有实现城乡环境综合治理的义务。城乡环境利益关系自城乡产生起就存在了，从历史发展过程看，它经历了“关系模糊”“关系紧张”“关系恶化”三个阶段：城乡产生初期，由于人对环境认识、利用的能力有限，环境未被开发，城乡间的环境利益关系十分模糊；城乡完全分离时，由于人对环境认识、利用的能力大大增强，城乡环境利益关系开始紧张，城市环境利益被重视；城乡冲突时期，由于“人定胜天”的思想，城乡环境关系迅速恶化，农村环境被忽视。在城乡环境关系发展的三个阶段里，人始终处于重要地位。在相当程度上，人是城乡间环境利益关系恶化的罪魁祸首。因此，当前要实现城乡环境利益关系的和谐，公民也就必须承担起保护城乡环境利益的责任和义务。不仅如此，环境与人类生产生活息息相关，没有良好的城乡环境，城乡居民的生产无法继续、生活无法维系；没有和谐的城乡环境利益关系，城乡矛盾激发、社会冲突激增，城乡居民也就没有安宁的生活，和谐社会更是遥遥无期。因此，公民作为社会的主体必须承担起维护保护城乡环境，共同推动城乡环境综合治理的义务。

其次，人是社会的主体，有实现城乡环境综合治理的能力。在社会中，人是具有能动意识的高级动物，能主动地认识客观世界及其发展规律，并利用发展规律改造客观世界。只有作为社会主体的人才能主动地发现城乡环境利益关系现状，才能发现城乡环境利益冲突与矛盾，才能了解城乡居民对和谐的城乡环境利益关系的诉求，才能意识到城乡环境综合治理的社会历史意义。不仅如此，在社会中，人懂得运用工具改造世界。人是具有主观能动性的，其伟大之处不在于能认识客观世界，而在于能改造客观世界。只有作为社会主体的人才能运用历史工具考察城乡环境利益的历史演变，才能运用社会调查工具了解城乡环境利益现状，才能运用统计工具分析城乡环境利益差距，才能运用多学科多角度的综合分析方法构建实现城乡环境综合治理的保障体系。因此，人作为社会的主体，有维护城乡环境综合治理的能力，能积极推动城乡环境综合治理的实现。

（二）城乡居民积极参与环境保护

党的十八大报告里有两个“凡是”：“凡是涉及群众切身利益的决策都要充分听取群众意见，凡是损害群众利益的做法都要坚决防止和纠正。”① 城乡环境综合治理是否能实现和城乡居民有着密切的联系，因此，制定决策时就应该充分听取城乡居民的意见，让城乡居民参与环境决策以保护自身环境权益、实现环境正义。参与和自身利益有关的事务，被认为是每一个人最基本的权利。如果与自身利益密切相关的公共事务、公共政策自己都无权发表意见、参与讨论和做决定——或是话语权被剥夺，或是话语权被忽视，只能说明自己并没有得到他人的认可与社会的尊重，在公共决策过程中处于无效状态。承认城乡居民享有参与环境决策的权利，就是尊重每一位城乡居民，承认每一位城乡居民拥有平等的机会和话语权。

第一，城乡居民应积极参与环境决策过程。

每个人的生长环境不同，性格态度不同，可支配的资源不同，在面对环境问题时，反应也就不同。面对环境问题，是抗争还是沉默？显然，暴力抗争只会让问题进一步尖锐化，沉默只会让自己的环境利益进一步被侵害。因此，最好的解决办法就是城乡居民积极参与环境决策过程，而不是等到环境污染发生后再关心环境问题。

一是健全环境信息公开制度，保障城乡居民有效参与环境决策。城乡居民参与环境决策一个很重要的前提是了解环境信息，这就要求政府建立环境信息公开制度，坚持真实、准确、完整、及时的原则，将环境信息以各种形式发布出来，如通过电台广播、报刊、网络媒体、宣传栏等平台发布。为了保证城乡居民能够有效地参与环境决策，相关部门应

① 胡锦涛：《坚定不移沿着中国特色社会主义道路前进　为全面建成小康社会而奋斗——在中国共产党第十八次全国代表大会上的报告》，人民出版社，2012，第 29 页。

主动公布环境信息的公开条件、公开时间、公开内容和形式。

二是利用“互联网+”，拓宽城乡居民参与环境决策的渠道。当前中国公民参与公共政策制定的主要形式有讨论、对话、旁听、听证、谈心、信访、写信等。这些参与形式在一定程度上发挥了很重要的作用，使得公共政策制定者可以听到城乡居民的声音，使得城乡居民可以反映自己的真实想法。但这些参与形式有一个通病：受众面太窄。以旁听为例。许多地方旁听人员的数量都是20名，这与中国约14亿的人口基数显然相差太大。受众面太窄有两大弊端：一是不能全面真实地反映居民的想法和需要；二是被操纵控制的概率比较大。因此，应该创新公共政策参与的形式，拓宽城乡居民参与环境决策的渠道。“互联网+”可以有效地解决“受众面太窄”的问题，让更多的人参与到环境决策中来。现在互联网无处不在，已经渗透到城乡居民生活的方方面面，博客、微博、微信、易信、QQ、贴吧、论坛/BBS等社交平台具有即时性、共享性、交互性的特征，使得环境信息被公众迅速掌握并在“朋友圈”内快速传播，城乡居民可以利用互联网了解环境项目信息、反映环境污染情况、交流环境治理心得、参与环境决策的制定和监督环境决策的执行。例如，可在“环保微平台”下设子项目，如“环境项目信息”“环境微举报”“环境小知识”“环境我来说”等，通过这一平台，城乡居民可以随时随地参与环境保护活动，了解环境保护动态，与政府、企业和他人形成良好的互动关系。

第二，城乡居民应主动参与城乡环境综合治理理论的宣传教育。

缺乏城乡居民的主动参与，城乡环境综合治理理论的宣传教育是无法实现的。城乡环境与城乡居民的切身利益密切相关。一方面，城市居民必须意识到饭桌上的绝大部分食物来源于农村的土地，一旦农村水源、土壤被污染，便会污染土地上种植的农产品，他们的食品也会出现安全危机。另一方面，农村居民更应该意识到环境的重要性，农村环境被污染、破坏，受损害的首先便是农村居民有序的生产和健康的生活，令人触目惊心“癌症村”“儿童血铅事件”便是充足的例证。城乡居民应主动参与城乡环境保护的宣传教育，只有保护好自己的生存环境，才能维护好切身利益，也才能实现城乡环境综合治理。

一是城乡居民应主动接受环境保护知识教育，维护好自己的环境利益。城乡居民应主动了解当前我国现有的各类环境法律法规，知道作为公民拥有哪些环境权利和义务，应该如何履行环境保护义务，当自己的环境利益被侵害时又应该如何寻求制度化途径保护自己的环境利益。城乡居民应主动了解居住环境状况，如自来水水质是否达标、土壤是否重金属超标、周边是否有垃圾处理场、是否建有高污染企业、在建项目是否经过环评等，较为全面地掌握自己的生存环境。城乡居民应主动学习环境小知识，如了解什么是水体富营养化、如何判断室内甲醛超标、如何去除甲醛、如何识别绿色食品等，这些与人们的生活息息相关，应该是城乡居民主动去了解学习，而不是靠外界灌输。

二是城乡居民应主动宣传城乡环境综合治理的重要性，维护好他人的环境利益。每个人都维护好自己的环境利益，并不意味着每个人可以为了维护自己的环境利益而损害别人的环境利益。城市居民与农村居民只是生活在两个不同地区的群体，其环境利益密切关联，一荣俱荣、一损俱损。城乡居民主动宣传城乡环境综合治理的重要性，有利于城乡居民共同意识到保护城乡环境的重要性，有利于城乡居民及时考虑到行为的环境后果，当城乡环境利益产生冲突时有利于共同找到解决冲突的办法。

第三，农村居民要敢于运用制度化手段拒绝没有环评的项目和企业。

没有环评的项目和企业往往隐藏着巨大的环境风险，一旦发生污染，后果不堪设想。农村居民的行为逻辑受到差序格局的决定和影响，在整体的社会结构中居于更不利的位置，更缺乏抗争资源，处于弱势地位。因此，农村居民必须发挥主体性作用，对于会污染环境的项目坚决说“不”。如果连农村居民也不愿意或懒得为自己争取环境权益，城乡环境综合治理就永远无法实现。由于农村的社会经济较落后、社会关系资源缺乏、力量较为分散，面对污染，农村居民或是不知所措、默默忍受，或是诉求无门。这都是不明智的行为。不明智的行为不仅会使维权难以成功，而且会影响到个人的正常生活，甚至造成社会不稳定。因此采取制度化的方式进行维权才是有效的方法。如农村居民可以采取联名上书的形式，或向上一级部门反映情况，或利用微博、微信等多媒体介质发布事件进展情况，或联系报社记者披露问题，或走司法程序合法维权。

第四，城乡居民应加强对政府环境保护职能的监督。

综合治理能否实现在很大程度上取决于政府是否始终坚持以公众的利益为依归。政府行政目标的多元性决定政府制定公共政策时容易受到各种因素的影响，而偏离公共性的轨道。如果政府无法做到在城乡环境利益分配中保持政策的公正性，必然会影响城乡环境利益的合理分享。因此，在实现城乡环境综合治理问题上，城乡居民应加强对政府环保职能的监督。一是督促政府完善农村环境保护法律法规，使得保护农村环境利益有法可依；二是督促政府加大城乡环境治理力度，让城乡居民过上健康的生活；三是督促政府不受利益集团左右，确保权力的公共利益立场；四是督促政策的公正性，保证不同利益群体能够在政府决策中发挥有效作用。只有保证政府权力的公共性，城乡环境利益分享的公正性和平衡性才能实现。

推动城乡环境综合治理是一项涉及全体城乡居民的公益性事业，实现城乡环境综合治理离不开城乡居民主体能动性的发挥。积极参与政策的制定，主动参与城乡环境综合治理理论的教育与宣传，敢于运用制度化手段拒绝没有环评的项目和企业，并监督政府有效发挥环境保护职能。

（三）加强城乡居民环境公平教育

人类的“第一次启蒙”使人重新确立了主体性，而人类的“第二次启蒙”则使人认识到，只有规范和约束主体性，使人类的实践活动不超出自然界生态系统的掌控，生态系统才能保持稳定与平衡，人类才能可持续地生存下去。城乡环境综合治理的制度建设是必要的，它为城乡环境综合治理的实现提供了制度保障和可操作的方法。然而，仅仅依靠制度来规范人们的行动是不够的。只有当广大人民群众都认识到保护生态环境的重要意义，认识到环境公平的重要意义，把维护环境公平变成人民大众的自觉行为，城乡环境综合治理的实现才不会是纸上谈兵、空中楼阁，生态文明建设才会进入更高的层次。

第一，城乡居民应树立起环境公平理念，认识到城乡拥有同等的环境利益。

关于环境公平的概念，学者们从空间性、时间性角度进行了思考。然而，不论学者们从何角度出发，它终归落在两层含义上：一是指在对环境资源的利用过程中，人们对其权利和义务责任、所得与投入是相对等的；二是指每个人拥有平等的环境权，如在清洁环境中生存的权利、饮用清洁水源的权利等。这里的“人”不仅是当代人还是后代人，不仅是城市居民还是农村居民。

城乡之间拥有同等的环境利益包含两层含义：城市与农村的环境利益对等、城市居民与农村居民的环境利益对等。地球生态系统是所有地球人的生存环境，而不仅仅是某一个国家、地区、集团或个人的生存环境；同样，某一个国家或地区的局部自然环境，也不是这个国家或地区中的某些人的环境，而是这个国家或地区中的所有人的环境。城市与农村虽然是不同的经济主体，但其环境利益是一样的，不因富裕与否而有所差别。在环境面前，城乡居民的环境利益也是平等的。同一个自然环境，对于生活在这个环境中的每一个人来说具有同等的环境价值：它为每一个人提供了同等的健康生存的环境条件，这个环境如果遭到破坏，也会影响到每一个人的健康生存，对谁都没有例外。

第二，对城乡居民进行环境公平教育，使其充分意识到环境公平的重要性。

环境公平概念在中国并不流行，人们往往知道每个人身上都有环境权，但绝大部分人还未能意识到每个人在环境资源的使用和保护上的平等、在保护环境过程中利益和责任上的平等。因此应该对城乡居民进行环境公平教育。这样不仅能促进城乡环境综合治理的实现，更重要的是关系到当代人与后代人的环境利益公平，关系到地区间的环境利益公平，关系到国际的环境利益公平。

一是运用动漫和社会实践的方式，加强对未成年人的环境公平教育。未成年人是祖国未来的希望，他们的思想和行为具有很强的可塑性，因此，环境公平教育要从娃娃抓起。当前我国的中小学环境教育主要散落在思想品德教育、职业道德教育、社会科学课中，内容主要涉及祖国壮丽的河山、环境污染问题、环境保护宣传，所占比重较小，话题较为单一。可丰富中小学环境教育的内容，增设与环境公平有关的教育主题，用动漫和社会实践等形式灵活且内容丰富的方式让未成年从小就意识到自然不是人类的奴隶、人是环境污染问题的罪魁祸首、保护环境不仅是为了当代人更是为了后代人的健康与生存、城乡间的环境利益关涉全局、发达国家的生态殖民主义是对不发达国家的环境利益的盘剥等。只有从小培养环境公平的理念，才有可能随着一代人又一代人的成长更迭，让环境公平思想逐渐散播开来，并成为每个人应该具有的优良的环境品质。

二是运用灌输和体验的方式，加强对成年人的环境公平教育。成年人的环境公平教育是一件相对困难的事。由于利益需求多样化，成年人常常会以自己的利益为中心去判断何者有利；由于事务繁忙，成年人常常无暇主动顾及环境公平问题；由于成年人的思维和行为已经养成，追加新的思维模式和行为习惯更不容易。加强对成年人的环境公平教育需要靠灌输和体验两种方式。用灌输的手段加强对成年人的环境公平教育可以在短时间内让成年人迅速了解环境公平的内容，认识到环境公平的重要性。但是仅仅用灌输的方式容易引起成年人的反感，无法深入成年人的思想意识里，因此，还需要运用体验的方式激发成年人思想意识中潜在的环境公平意识，并使其内化为行为。成年人是建设祖国的中坚力量，只有让他们树立起环境公平理念，并转化成实际工作生活的行为习惯，才能让经济建设和环境保护工作少犯错误、少走弯路。

二　发挥城乡社区的作用

城市社区与农村社区都是实现城乡环境综合治理的主体。城乡社区更贴近居民，更了解居民的环境诉求。城乡社区由于在形成过程中有很大的不同，其发挥的具体作用也会有所不同。

（一）建立城市社区垃圾分类处理管理制度

面对城市垃圾产量日益增长和环境状况恶化的局面，如何对垃圾分类管理，如何最大限度地实现垃圾资源利用，如何减少垃圾处置量，如何改善生存环境质量，如何减少对农村水源、土壤等的污染都是急需解决的问题。城市社区在复杂的城乡环境综合治理问题中的主要作用体现在社区垃圾分类管理上。处理好城市垃圾，减少城市垃圾对农村环境利益的侵害，有利于促进城乡环境综合治理的实现。当前可以在管理比较规范的社区进行试点工作，如单位小区、新建社区、高档生活小区等。总结经验教训，建设垃圾分类示范单位（小区），再进行推广扩散。

第一，制定垃圾分类处理方案，将垃圾分类处理纳入城市社区工作中。

一是城市社区制定垃圾分类处理方案时应理顺垃圾分类处理的相关环节，做到流程简单易行、每个环节有专人负责、管理规范有序。城市社区垃圾分类处理包括分类储存、分类投放和分类驳运三个主要环节。在分类储存阶段，主体是公众，垃圾属于公众的私有产品；在分类投放阶段，主体是公众，垃圾成为公众所在小区或社区的区域性准公共资源；在分类驳运阶段，主体是社区管理者，垃圾抵达垃圾集中点或转运站后成为没有排他性的公共资源。这三个环节的主体形成相互促进、相互监督的关系。

二是城市社区制定垃圾分类处理方案时应坚持先易后难、循序渐进的原则。我国城乡居民在生活中不习惯对垃圾进行分类，这就给垃圾处理带来了很大不便，导致垃圾中很多“宝贝”被丢弃、被浪费。为了让社区居民习惯将垃圾分类，城市社区在进行垃圾分类处理管理时，可先从餐厨垃圾、大件垃圾和有害垃圾三个方面进行分类，让社区居民慢慢习惯垃圾分类管理。

第二，调动社区居民和社区管理者的主动性和积极性。

社区居民和社区管理者是城市社区垃圾分类处理的两大主体，必须发挥出两者的主动性、积极性，才能将垃圾分类处理工作落到实处。

一是社区居民自觉践行垃圾分类制度。一方面，社区居民承担着源头减量、分类储存、分类投放的责任与义务；另一方面，社区居民应努力规范自己的垃圾处理习惯，逐步形成自觉、自愿、主动与合适处理垃圾的行为。

二是社区管理者自觉履行相应职责。社区管理者是垃圾分类驳运的负责人，也是社区垃圾分类管理者。作为垃圾分类驳运的负责人，社区管理者要及时将分类好的垃圾转运出去，做到垃圾“日日清”。作为社区垃圾分类管理者，社区管理者应制定垃圾分类处理方案，安排垃圾分类负责专人，设置分类排放容器（堆点），规范垃圾分类处理管理费用，做好垃圾分类的指导、引导、监督等工作，不断完善垃圾分类运行管理制度。

第三，城市社区不断完善垃圾分类处理的服务工作。

城市社区垃圾分类处理刚刚起步，必然会经历由小到大、由点到面，内容由简到繁，标准由粗到细的过程，会经历一个不断完善管理的过程。在这一过程中，城市社区要不断完善垃圾分类处理的服务工作，逐步让垃圾分类处理管理规范起来。

一是提供垃圾分类回收的服务。社区每一个放置垃圾桶的地方都应该有明显的标志，垃圾桶上须注明回收的类别和简要使用说明；每一处放三个垃圾桶，并分成至少三种颜色，每一种颜色代表不同用途，如红色代表危险品（如硫酸、碎玻璃等），黄色代表不可回收（如废弃光盘、塑料袋等），绿色代表可回收（如纸皮、矿泉水瓶等）。此外，垃圾桶也可以成为企业广告的载体，允许企业利用垃圾桶发布广告，获得的广告利润归社区物业或居委会所有。对于可回收的垃圾可以做如下处理：社区设有专门回收站的，社区物业或居委会负责卖给废品回收企业或个人；

社区没有设立专门回收站的，由社区物业或居委会联系废品回收企业或个人定时回收。这样不仅会使垃圾变废为宝，维护社区环境整洁，而且回收垃圾带来的收入可成为社区物业或居委会的活动经费。

二是实行短期和定期垃圾分类处理服务。由于垃圾分类较多，对于危险品垃圾和容易腐烂影响环境卫生美观的垃圾（如容易腐烂的菜叶等餐厨垃圾）每天要由专门的环卫工人负责及时清理，确保“日日清”；对于可回收的垃圾，社区可设定每周固定周三、周六进行垃圾回收工作；对于建筑垃圾，废弃沙发、床垫等较大型的垃圾，联系专门企业或个人进行回收处理。

三是城市社区加强垃圾分类处理的宣传教育。可在社区内举办垃圾回收讲座，在宣传栏上布置垃圾分类处理的宣传图片，面向社区发放垃圾分类处理宣传册，上门指导社区居民垃圾分类方法，还可以定期或不定期播放国外环保收集垃圾的视频等，通过这些方式帮助社区居民提高环保素质，养成爱护环境的习惯。

（二）探索农村社区环境保护模式

社会主义市场经济的不断发展冲击着农村社区千百年来形成的以血缘关系为纽带、以小农经济为根基的社会关系，现代工业社会逐步取代传统的封闭式乡村社会，人们的思想文化认识也发生了巨大变化。在这一系列变化的影响下，农村社区逐渐形成了独具特色的开放式的社区结构。这一系列变化使得农村社区能在城乡环境综合治理中发挥积极作用。因此，应该积极探索并发挥农村社区作为实现城乡环境综合治理主体力量的独特优势。

第一，探索农村社区环境自治模式。

农村社区环境自治模式是以政府为主导，以农村社区居民为主体，市场和环保公益组织积极参与农村环境治理、农村环境保护的治理模式。在农村社区环境自治模式中，农村社区和社区居民是主体，农村社区承担着上情下达、下情上传——落实上级政府环境政策、反馈农村社区的环境要求的任务，为农村居民的环境诉求增设平台。在农村社区环境自治模式中，政府发挥着主导作用。农村社区环境自治模式的建设需要政府提供资金支持、人才支持和技术支持，帮助农村社区建立社区环境管理机构和环境基础设施，帮助农村社区培养环境治理人才、环境管理人才，向农村社区输送环境污染治理技术。农村社区环境自治模式也离不开市场的调控、企业的自律、环保公益组织的协作，它们可以弥补政府缺陷和农村社区自身的不足，农村社区应允许多种社会力量参与社区环境治理，发挥它们的优势，共同制定适合农村环境治理的“良方”，完善农村环境治理体系。

第二，建设农村社区环保服务小组。

农村社区属于农村基层群众性自治组织的范畴，具有公共服务性。在农村社区，建设环境保护服务小组，可用较少的成本投入、灵活的活动方式调动农村居民的积极性，提高农村环境保护和环境治理的效能。农村社区环保服务小组可以由农村社区内的农村居民、知识分子、公职人员、中小学生等组成，他们既是资源的拥有者，又是资源的使用者，充分调动他们参与环境保护的积极性和主动性，将对农村环境保护工作的开展起到相当大的推动作用。在开展环境污染治理、环境保护活动时，还可以吸收城市志愿者、其他农村社区的志愿者甚至是国际环境保护志愿者参与、协助环保服务小组开展活动，共同进行农村社区的环境保护工作。

农村社区环保小组除了尽可能激发社区内的农村居民参与环境保护的积极性和主动性，还应该协助环境保护行政部门监测社区内的环境状况；组织小组成员不定时在社区内巡视，保护社区的公共资源不被破坏；收集社区内农村居民对于环境保护的意见和建议，了解农村居民对环境公共服务的需求，缓解农村居民之间的环境利益冲突；举办环保公益活动，宣传共同保护城乡环境、实现城乡环境综合治理的重要性。

第三，农村社区建立垃圾分类处理管理制度。

城市有垃圾处理问题，农村也有。现实是城市为了追求环境优美，对垃圾处理较为重视，到处帮垃圾寻觅“安身之所”，建立城市社区垃圾分类处理管理制度似乎是应有之义；大部分农村居民对环境没有太多追求，屋前是鸡舍，屋后是猪圈，到处是垃圾的“安身之所”，不可能想到垃圾要分类处理。然而，事实上，农村垃圾也应该进行分类处理。2015年，“农村垃圾治理”首次写入中央1号文件；党的十八届五中全会通过的“十三五”规划建议进一步提出“坚持城乡环境治理并重，加大农业面源污染防治力度，统筹农村饮水安全、改水改厕、垃圾处理……”[①]，足见中央对农村垃圾处理问题的重视。

农村社区垃圾主要包括生活垃圾和生产垃圾（如“白色污染物”塑料袋），可参考城市社区垃圾分类方法将农村社区垃圾分为可回收、不可回收和危险品三类，同样相应设置绿色垃圾桶、黄色垃圾桶和红色垃圾桶。可回收垃圾包括纸制品、塑料制品、餐饮垃圾、家庭厨余垃圾、粪便等；不可回收垃圾包括“白色污染物”塑料袋、家庭装修废弃物、废弃家具等；危险品包括杀虫剂、废弃的农药、化肥残余及包装物等。针对农村社区有机垃圾所占比重较大、存在体积大但易于处理的特点，在农村社区内建设专门处理有机垃圾的场所，如建设“肥料堆置基地”，在经过堆制、人工参与和后期加工后使有机垃圾变成肥料，继续走向还田之路。

三　发挥环保公益组织的功能

在实现城乡环境综合治理的过程中，政府发挥着极为重要的作用，不可替代。政府能为人们提供和平有序的社会环境，使人们纷繁复杂的利益关系能够得到协调和合理分配，各式各样的利益诉求能够得到满足。然而，城乡环境利益的复杂性和城乡利益诉求的多样性，使得仅仅依靠政府实现城乡环境综合治理显得力不从心。实现城乡环境综合治理不是政府的独有责任，不断壮大的环保公益组织成为实现城乡环境综合治理

---

① 《中共中央关于制定国民经济和社会发展第十三个五年规划的建议》，人民出版社，2015，第27页。

的主体。

（一）环保公益组织在实现城乡环境综合治理中的积极作用

伴随着政府职能转变，社会公共服务需求不断增加，社会组织正在逐步发展成为社会管理的重要参与力量。在城乡环境治理领域，环保公益组织具有市场所没有的非营利性、志愿性的优势，具有政府所没有的自助互助性、民主参与性和多元代表性的优势。这些优势在实现城乡环境综合治理方面将发挥积极作用。

首先，城乡环境综合治理的特殊性需要环保公益组织发挥积极作用。城乡环境综合治理难题涉及保护城市环境与保护农村环境、满足城市居民环境需求与农村居民环境需求、缓解城乡经济发展与城乡环境保护等多方利益冲突。这些利益冲突的主体之间既存在潜在共同利益又存在并非完全一致的实际利益，如在公共资源利用、环境污染责任、保护环境义务、活动能力评价和环境保护反应等方面存在较大反差；利益冲突的主体关系密切又彼此伤害。城乡环境综合治理难题的一系列特点，使得市场自由、竞争的发展模式无法有效缓解经济发展与环境保护的冲突，无法有效地解决城乡环境综合治理难题；使得政府自上而下的“命令—控制”决策模式无法有效缓解城乡发展的冲突，无法有效地解决城乡环境综合治理难题。因此，需要环保公益组织作为联结城乡居民、市场与政府的纽带，收集民意，反馈民情，解读政策，提供技术支持，成为促进城乡环境综合治理实现的得力帮手。

其次，环保公益组织自身的特殊性有利于促进城乡环境综合治理的实现。环保公益组织具有非营利性、志愿性、自助互助性和多元代表性等优势。环保公益组织的非营利性使得环保公益组织不会像市场主体那样为了追求利润最大化而不顾环境问题，相反，环保公益组织将城乡环境保护作为组织的宗旨；环保公益组织的志愿性使得环保公益组织代表了城乡环境利益主体最真实、最及时、最急需的环境利益和权利要求，能充分反映城乡居民的环境利益诉求；环保公益组织的自助互助性使得环保公益组织在遇到城乡环境综合治理难题时不会逃避、不会退缩，而是会努力联合起来化解困境；环保公益组织的多元代表性使得环保公益组织代表着尽可能多的环境利益主体的利益诉求，它必须从组织的整体性出发，用更高级的行为准则和目标将分散的个体组织起来团结在某一具体的行为宗旨之下，并协调来自不同阶层，具有不同性格、知识背景的成员的利益关系，约束组织成员的言行举止，防止产生过激的“大众行为”，促使组织成员的环境利益诉求理性化。环保公益组织自身的特殊性，一方面使它可以通过利益主体自觉的环境保护意识和自发的参与环境保护精神建立起环境共识，在尽可能大的范围内代表城乡环境利益主体的利益诉求，从而协助政府做出反映最广泛居民需要的环境决策；另一方面，它可以灵活多样、合理有效地进行自主的沟通与协调，帮助利益主体权衡利弊关系，以化解环境利益主体间的矛盾、冲突，促使环境利益主体重新思考利害关系，重新安排主体间的环境权利关系，共同寻求满足各自的需要和实现各自的愿望的对策方法。

可见，环保公益组织参与城乡环境综合治理难题的解决，可以提供一种较为宽松和谐的化解冲突、实现协调的氛围。

（二）发挥环保公益组织的作用，推动城乡环境综合治理

1992 年 6 月，联合国在巴西里约热内卢召开的环境与发展会议通过了《21 世纪议程》，当时就已经认识到环保公益组织的重要性，认为环保公益组织拥有丰富的专业人才和技术，在参与民主方面发挥着重要作用，有必要让环保公益组织参与环境项目的政策和活动。当前环保公益组织在环境治理中发挥着越来越重要的作用，如环保公益组织与政府建立合作模式，共同治理环境污染，为农村居民提供法律服务，进行城乡环境综合治理理论的宣传等。

第一，环保公益组织与政府合作模式。

在参与环境保护方面，环保公益组织应该与政府建立一种合作模式。在这种模式下，环保公益组织与政府进行明确的任务划分，政府负责制

定环境保护法规与政策，环保公益组织则负责协助政府处理具体事物。在合作模式中，环保公益组织保持自身的独立性，在法律法规的框架内，积极主动地发挥自身的特长，协助政府、市场、城乡社区有效地解决城乡综合治理过程中的利益冲突问题。

一是协助政府开展环境保护工作。环保公益组织能够深入社会，较为真实地了解城乡居民的环境诉求，能较为客观地反映城乡环境状态，因此，环保公益组织可以利用其便于与民沟通的特性在政府无法顾及、无法及时处理的某些方面承担起责任，如在环境保护宣传上，政府可以从政策层面确定环境保护宣传的内容、口号、图标和宣传时间，而由环保公益组织来负责具体的策划、宣传手册设计、宣传方式、地点、人员安排等细节，充分利用各种环保公益组织拥有的各种宣传渠道向城乡居民传播环境知识、保护环境的理念和环境公平思想，为城乡居民答疑解惑，帮助城乡居民改变错误的生活习惯和生活观点，促使生活环境变得更健康、更环保。在开展各项环境保护活动时，环保公益组织还可以广泛收集城乡居民的环境利益诉求，将城乡居民的环境治理困惑、环境保护顾虑、环境利益冲突等城乡居民不能解决的环境问题及时反馈给政府，让政府在制定政策和法规时充分考虑到来自社会基层的各种声音。同时，环保公益组织还可以协助政府进行监管，特别是政府监管不到的地方，环保公益组织可以利用自身成员多元化、信息交流便利的特点协助政府进行实时监督。环保公益组织还可以帮助政府收集各类信息，如高污染企业的排污情况、企业落实政府环保政策的情况，以便于政府能够更好地解决环境保护问题。

二是环保公益组织为政府提供技术支持。环保公益组织是由致力于环境保护的人员组成的，所以它往往拥有各类环保专业人才和专门的环保检测仪器，可以为政府部门提供可靠的环境检测报告。这可以为当地政府、企业和居民提供信息数据，方便政府、企业和居民采取相关措施治理污染，防止污染进一步扩大，避免污染影响到居民的生活安全。

总之，环保公益组织虽然与政府组织有相当大的差别，然而环保公益组织的非营利性、志愿性、自助互助性和多元代表性等优势，使得环保公益组织能获得相当多有利的资源。在城乡环境保护、城乡环境利益协调问题上，环保公益组织与政府有着共同的目标，即实现城乡环境优美，实现城乡居民环境利益协调，为达成这一共同的目标，环保公益组织与政府利用各自的独特资源，开展联合行动，构建合作模式。如政府将环境政策议题交由环保公益组织进行前期的调研工作，环保公益组织再将调查结果撰写成调查分析报告，在政府进行环境决策前呈交给政府。这不仅能为政府提供相当丰富完备的环境信息，而且也能将调查过程中城乡居民的意见、建议转达给政府，从而减少环境政策制定过程中的不确定因素，减少环境政策出台后引起的不解、疑惑或是抵抗。又如在涉及跨地区公共资源使用的环境问题的解决上，各地政府出于经济利益的考量采取治理措施不积极，致使公共资源遭受很大破坏和浪费。这种情况下，环保公益组织就应该承担起与政府、与民众协调沟通的责任，努力化解各地政府经济发展与环境保护的冲突、民众自身发家致富与环境保护的冲突，协助公共资源所在地的政府构建完善的区域环境利益协调机制，消除民众对环境保护政策的恐惧心理，使得各地政府、各方民众都能从这一区域环境综合治理保护机制中获得好处，使得跨区域的公共资源利用开发问题得到有效解决。

第二，为农村居民提供法律援助。

"'环境正义'更主要的是强调同一时期在环境利益分配时强势群体对弱势群体行为的不正义现象及其矫正；与当代环境伦理集中讨论全人类共同面临的全球环境问题不同，值得关注的是，环境恶果的承担往往并不公平。一个住在被工业污染的河流边的农村居民和一个住在城市中精致小区里的市民，他们对环境恶果的承担是不一样的。"[①] 在城乡环境问题上，农村居民在公共资源利用与开发、环境权利和环境利益分配等

① 王韬洋：《有差异的主体与不一样的环境"想象"——"环境正义"视角中的环境伦理命题分析》，《哲学研究》2003 年第 3 期。

方面处于不利地位。这就迫切需要环保公益组织为农村居民提供专业知识和技术等各方面的帮助。

一是环保公益组织可以为农村居民提供环境专业知识和分析数据等服务。环境领域有相当多的专业术语和知识，这些对于农村居民来说犹如天书，如高水平放射性废物、高硫残留物、曝气池等，特别是涉及环境工程的术语更是让农村居民摸不着北。然而解释这些术语对于环保公益组织来说却是相当简单的，环保公益组织成员来自各个领域，可以帮助农村居民解决环境专业知识认知上的困惑，帮助分析相关的环境图表信息，帮助农村居民判断工程项目是否符合环境保护的标准。同时，环保公益组织还可以根据农村居民的知识水平结构，用通俗易懂的形式将难懂的环境术语和数据图表简单化、形象化。这不仅利于解答农村居民对于环境专业术语的困惑，也可以在一定程度上传授环境专业知识，提高农村居民的环境知识水平。

二是环保公益组织为农村居民提供法律援助。法律援助有两种情况。第一种是为农村居民平时遇到的环境保护方面的问题提供法律帮助。环保公益组织可以设置法律咨询热线，方便农村居民咨询；可以将“法律援助到一线”作为法律援助中心的主要工作来抓，提供上门服务、异地协作，做回访，随时了解案情、办案进展，对案件随时进行督察，所有的办案人员尽职尽责，为农居民提供合格的法律援助。第二种是为农村居民的环境诉讼提供法律帮助。农村居民对环境保护专业知识知之甚少，更是缺乏对有关环境法律法规的了解，因此，一方面，他们无法进行有利的举证，另一方面，他们不知道如何运用法律武器维护自己的正当权利。此时环保公益组织可利用自身的组织性和专业性的特点为农村居民提供法律援助，如帮助农村居民分析案情，帮助农村居民聘请律师，帮助农村居民进行环境污染检测，帮助农村居民向环境污染肇事者追究责任，直至完成诉讼。环保公益组织的介入，在很大程度上拓宽了农村居民解决环境纠纷的渠道，提高了通过行政和司法渠道解决环境问题的可能性。这不仅可以帮助农村居民维护自身正当的环境利益，也有利于促进城乡环境综合治理的实现和整个社会的安定团结。

第三，进行城乡环境综合治理思想的宣传。

环保公益组织的另一主要工作便是宣传环境保护思想。环境保护的内容有很多，其中，城乡环境综合治理理论的宣传尤为重要。

一是有区别地普及城乡环境综合治理理论。城乡环境综合治理理论的普及需要依赖于环保公益组织。环保公益组织具有成员背景多样、与群众接触较为频繁的优势，利用这些优势，环保公益组织可以积极向城乡居民宣传城乡环境综合治理理论，宣传环境正义思想。鉴于城乡之间的差异，环保公益组织在宣传内容和宣传方法上应有所区别。其一，在宣传内容上，针对城市居民，应宣传绿色生产、绿色消费、分类垃圾处理、环境正义思想（代际环境正义、区域环境正义、城乡环境正义等），组织环境专题讨论等；针对农村居民，由于农村和农村居民在城乡环境利益关系中处于不利地位，环保公益组织在宣传教育时要侧重农村和农村居民，主要内容可包括农村环境保护的重要性、农村居民环境权益保护、科学种植、合理的环境利益诉求及相关的环境保护条款等。其二，在宣传方法上，针对城市居民，由于城市现代化设施比较完善、资讯比较发达，可以利用各种媒介进行宣传，宣传绿色的生活方式；针对农村居民，可以采用发送图文并茂的宣传单或宣传手册，举办环保知识讲座或展览会，深入田间地头介绍科学种植、绿色生产的好处，挨家挨户宣传农村居民的环境权益保护等方式，还可以通过邀请农村居民参与环境保护活动，让农村居民体验到环境保护带来的好处，明确自己的环境权利和环境保护义务，激发出农村居民积极主动参与宣传的活动热情，从而提高农村居民对环境保护活动的参与度和响应力，使环境保护内化为农村居民的自觉行为。总之，由于农村与农村居民的特殊性，在宣传内容上要选择与农村发展、农村居民利益密切相关的环境保护信息；在宣传方法上要选择农村居民容易接受的方式方法，让农村居民无障碍地学习了解生态环境对于自身健康生活的重要性。

二是建立城乡环境保护信息交流平台。环保公益组织可以发挥组织成员的技术优势，建立环境保护信息平台，如环境保护网站、环境保护App、环境保护公众号等信息交流平台。通过这些交流平台，城乡居民可以尽可能多地了解自己居住的社区及周边的环境情况，可以将本地环境问题的信息上传到交流平台，可以将社区周围的有危险的环境问题进行公布，可以在交流平台上咨询环境保护问题、环境污染问题，可以将长期得不到解决的环境污染问题通过交流平台向执法部门、环境监管部门反馈。环保公益组织作为交流平台的建设者，必须做好以下工作：审核上传的文字图表数据，确保信息的准确性、真实性；及时回答网民咨询的环境问题；有效地协助处理网民反映的环境污染问题，及时和有关部门联系沟通，以最快的速度在最短的时间内解决问题；时时更新网站信息，确保信息的时效性；维护网站建设，合理规划网站建设，制作清新活泼的网页界面。

第四，对政府和企业行为进行监督。

在政府履行环境保护职能和企业的排污处理方面，环保公益组织要发挥积极的监督作用。政府在履行环境保护职能时难免受经济发展的影响产生偏差，此时的环保公益组织可以利用自身的专业技术和专家团队向政府提供建议报告，告知政府存在的风险及后果，帮助政府决策回归正确轨道。企业作为市场主体，往往以追求利润最大化为目标，很多企业对自身生产过程中产生的污染要么视而不见，要么简单处理，企图蒙混过关，此时，环保公益组织可以利用自身的专业技术和专家团队向企业提供污染处理意见，如果企业拒不整改，环保公益组织可以向政府举报或将企业排污信息向社会公布。

第六节　科技治污　科技环保

科学技术对生态环境的影响具有双重性。科学技术帮助人类摆脱自然界的诸多限制，成为人类改造自然的工具。但盲目地崇拜科学技术也给人类带来了无数的生态灾难。作为工具，科学技术从一诞生就是为人类实现其利益追求服务的，就是为提高生活品质、提高生产质量服务的，就是为延续人类的种族繁衍、推动社会历史进行服务的。但科学技术不是万能的。过度崇拜科学技术，认为先发展后治理，认为科学技术可以解决一切污染问题，这样的错误认识成为实现城乡环境综合治理的障碍。因此，在实现城乡环境综合治理过程中，必须正确认识科学技术，正确运用科学技术，发挥其有益于环境保护的正面作用，帮助城乡解决环境污染难题，建设美丽家园。

一　依靠科技治理城乡环境污染

城乡环境综合治理既需要城市与农村治理好各自辖区内的环境，也需要城市与农村相互配合。

一是运用高新技术治理城市环境污染。城市生产生活向自然界排放的各种污染物超过了自然环境的自净能力，遗留在自然界，会导致自然环境中各种因素的性质和功能发生变异，破坏生态平衡，给人类的身体、生产和生活带来危害。这主要包括空气污染、水域污染、固体废物污染、噪声污染和土壤污染。治理城市环境污染必须借助于科学技术。如何准确地对颗粒物、气态污染物等大气中的污染物质进行全方位的立体监测，曾经是我国城市大气污染防治的一大难题。2015 年，北京市环境保护监测中心和中国科学院遥感与数字地球研究所的科学家联手完成了“北京地区空气质量遥感监测技术与工程化应用”项目，该项目采用空气质量遥感监测技术，在一定区域内，能对大气中的颗粒物、气态污染物、沙尘、秸秆焚烧产生的污染物进行监测，并能跟踪污染物质活动的全过程。[①] 这为环境污染治理提供了翔实的参考数据，使得环境治理更有针对性，也更有效。又如城市汽车尾气污染问题。汽车排放的尾气中含有大量的污染物，主要有碳氢化合物、铅、一氧化碳、氮氧化物、硫化物等。大量的污染物

---

① 袁于飞：《北京用科技成果治疗“城市病”》，2015 年 3 月 10 日，光明网，http://epaper.gmw.cn/gmrb/html/2015-03/10/nw.D110000gmrb_20150310_2-10.htm，最后访问日期：2020 年 11 月 10 日。

飘散在空中，严重污染了空气，导致温室效应产生，有的地方甚至出现臭氧层空洞和酸雨等，给人类的身心健康带来极大威胁。如何处理汽车尾气污染问题成为各国的难题。可以利用科学技术，升级汽车燃料，改用新的配方汽油、电力、压缩的天然气体、太阳能以及生态燃料的蓄电池等，并升级汽车的点火系统，通过电脑计算各种燃料的最佳利用值，控制发动机快速反应系统，尽可能把汽车尾气排放量降到最低值。

二是运用科学技术治理农村环境污染。从污染源来看，农村环境污染可以分为以下几类：农村生活污染、农业种植污染、农产品养殖污染、工业污染、农林废弃物污染源、建筑业污染和矿业污染。[①] 广泛存在的农村生活污染源、农业种植污染源、农产品养殖污染源、工业污染源对农村环境危害最大；农林废弃物污染、建筑业污染源存在体积大、数量多、自然环境难以净化的问题；矿业污染源主要存在矿产开采和加工地区，在开采过程中，或是用粗暴的方式进行矿石开采而导致有毒物质直接外泄，污染环境，或是加工过程中环保设备落后、环保技术不足引起重金属污染。农村这一系列污染问题的治理同样也必须借助于科学技术。如运用生物发酵技术治理农产品养殖污染、农村生活污染和农林废弃物污染，将农产品养殖污染物、农村生活污染物和农林废弃物进行发酵，生产生物沼气，沼气可以用来煮饭、照明、取暖，沼渣可用于生产有机

---

① 农村生活污染：主要包括农村生活垃圾、生活污水、城市向农村转移的生活及固体废弃物的污染。

农业种植污染：主要包括化肥、农药的挥发产生的大气污染及其残留物对土壤和水质的污染，农用地膜、温室大棚等塑料制品产生的白色污染。

农产品养殖污染：主要包括畜禽、水产养殖业在生产中的畜禽粪便和排放的污水造成的污染。

工业污染：主要来自乡镇企业与转移至农村的“高能耗、高排放、高污染”（三高）加工业以及劳动密集型制造业等工业生产所排放的废气、废水和废渣（三废）造成的污染。

农林废弃物污染：主要包括直接焚烧、随意丢弃或排放的农作物秸秆、蔬菜废弃物、林业废弃物等造成的污染。

建筑业污染：主要包括随意堆放和倾倒的建筑或拆迁后产生的难处理的废弃物造成的污染。

矿业污染：主要是指矿物开采和加工过程中泄漏后进入河湖水系以及土壤中的重金属造成的污染。

肥；或是利用光合作用将农林业生产过程中的秸秆、树木等木质纤维素（简称木质素），农产品加工业下脚料，农林废弃物及畜牧业生产过程中的禽畜粪便和废弃物等物质进行发酵，生产生物质能，实现循环利用。

二　依靠科技建设美丽家园

科学技术能够为美丽家园的建设提供更经济、更科学的技术方法和手段。

一是依靠科学技术建设“宜居城市”。中国城市竞争力研究会在香港发布“2015 中国城市分类优势排行榜”研究报告，列出 2015 中国十大宜居城市：深圳、珠海、烟台、惠州、信阳、厦门、金华、柳州、扬州、九江。以福建厦门为例。“城在海上，海在城中”，福建省厦门市是由海洋孕育的城市。厦门市把握全球能源结构调整和资源利用方式转变的机遇，着力支持新能源研究，大力推动“十城万盏”半导体照明示范工程。截至 2013 年，厦门市共有 250 万盏 LED 照明灯具（含 LED 夜景工程和“十城万盏”工程等），年可节约近 6000 万度电，减少 CO_2、SO_2、NO_X、粉尘排放约 7.8 万吨。[①] 这不仅使厦门的夜景工程更漂亮、道路照明更节能，也极大地保护了厦门美丽的生态环境。

二是依靠科学技术建设“美丽乡村”。建设美丽乡村的最终目的是让农村环境更优美，在山区实现“山顶松柏盖帽，山间水果缠腰，村庄翠竹环抱，农田渔桑放哨”；在平原地区实现“道路林荫夹道，村庄绿树环绕，农田林网达标，房前屋后花果飘香”，运用科学技术手段让我们的乡村美起来。以浙江宁海为例。在浙江宁海山区桑洲镇的屿南山岗上，只见郁郁葱葱的稻田里，有鲤鱼跃碧潭、茶香迎客来、快帆乘碧浪、稻田大乾坤等一幅幅彩色的图画，依稻田的地势不经意地点缀其间，给寂静的山区增添了艳丽多变的色彩和美轮美奂的景象。这是宁波市农科

---

① 厦门市科技局：《厦门以科技创新为支撑 建设生态文明城市》，2013 年 4 月 8 日，中华人民共和国科学技术部官网，http://www.most.gov.cn/dfkj/fj/zxdt/201304/t20130407_100622.htm，最后访问日期：2020 年 9 月 15 日。

院派驻宁海桑洲镇的科技特派员的杰作。科技特派员为了配合桑洲镇发展乡村观光旅游业，打破传统水稻的单一色彩，引进国内近几年风靡一时的紫色、黄色、金黄色、紫红色、镶金黄、暗紫色等观叶的彩色水稻这一新的元素，通过对图案的设计、分割定位，创造出色彩丰富的稻田景观，带动桑洲镇的夏季农田观光旅游。[1] 这样不仅使乡村美丽起来，还促进了农业增效、农村居民增收，为现代农业发展和社会主义新农村建设做出了积极贡献。

① 《科技特派员扮靓美丽乡村 打通服务“最后一公里”》，2015 年 8 月 6 日，中国新闻网，http：//www. chinanews. com/df/2015/08-06/7452061. shtml，最后访问日期：2020 年 9 月 15 日。

结　语

当前，中国以全新的姿态屹立在国际舞台上，经济发展已不再是唯一目标，而是提出了推进中国特色社会主义事业的“五位一体”的总体布局，即经济建设、政治建设、文化建设、社会建设、生态文明建设五位一体，全面推进。城乡环境综合治理难题不仅涉及经济建设、政治建设，也涉及社会建设、生态文明建设。城乡环境综合治理能否实现关系到全面建成小康社会的目标能否实现，关系到城乡一体化目标能否实现，关系到社会公平正义能否实现，关系到改革发展成果能否共享。

不同的利益主体、不同的利益诉求必然导致利益的矛盾与冲突。城市与农村、城市居民与农村居民均是利益主体，城市与农村都有发展经济的需要，城市居民和农村居民都有改善生活的需要，这必然导致城乡综合治理难题。特殊的国情背景——城乡二元结构、工业化发展的紧迫性、庞大的人口总量和自然资源的有限性使得城乡环境利益在现代化生产过程中时有摩擦与冲突。对马克思主义城乡融合思想、经济发展与环境保护辩证关系思想的误解，使得政府在处理城乡环境利益关系时走了很多弯路，犯了一些错误。再加上资本的逐利性、政府的缺位、对科学技术的盲目崇拜、城乡法制的不健全、城乡环境教育的落后与不足，城乡环境利益冲突日益严重。

要敢于面对问题，也要正确认识问题。城乡环境综合治理难题不是要实现城乡环境利益同步发展、城乡居民环境利益同时满足，这是一个相当难的过程，也是一个不可能实现的过程。然而，正如“现代化发展三步走战略”“先富带动后富，最终走向共同富裕”一样，承认城乡环境利益冲突的存在，承认城乡环境利益同时满足的巨大难度不是要证明城乡环境综合治理不可能实现，而是要正确认识社会主义初级阶段城乡环境综合治理的问题；认识到城乡环境综合治理不是城乡环境利益平均分配，而是要寻求伤害最小化、利益最大化的城乡发展途径；认识到城乡环境综合治理不是零污染，而是要正确认识污染问题，认识到人类从产生那天起就开始利用自然，产生废弃物，有污染问题，人类不可能回到刀耕火种的年代，所以污染还会继续存在，人类也不可能停下追求生产力发展的脚步，关键在于我们如何控制污染，如何在经济发展与环境保护之间找到一条双赢甚至是多赢的路径；认识到城乡环境综合治理不是城乡各自为政，而是城乡合作共同解决环境利益冲突，实现改革发展成果共享，任何一个孤立的主体或是被忽视或是被吞噬，根本无法表达和实现利益诉求，城乡本是一体，只有携手共同处理好环境利益冲突问题，才能实现双方环境利益的最大化。

城乡虽然存在一定的地理分隔，也各自具有不同的特征，但城乡环境是一个整体，一荣俱荣、一损俱损。经济发展，破坏了农村环境，污染了农村的水源和土壤；大量使用农药与化肥严重影响了农产品的品质，造成城市食品安全危机。牺牲农村环境求得城市发展是不可取的，破坏城市健康的社会秩序以满足农村致富的需要一样也是不可取的。城乡环境是一个整体，城乡居民既然享受对等的环境利益，也理应共同承担保护环境、治理环境污染的责任。

实现城乡环境综合治理需要构建“1+2+5”体系框架（见图 7-1）。“1”即一个指导理论，即中国特色社会主义城乡环境治理理论。“2”即两大主体自觉，即城市与农村、城市居民与农村居民的环境保护责任。“5”即五大保障体系，即大力发展城乡绿色经济，提供物质基础；完善政府的环境保护职能；发挥个人、社区和环保公益组织的积极作用，实现多元治理，共同承担起实现城乡环境综合治理的责任；完善城乡环境法制，严格执法；利用先进的科学技术治理城乡环境，建设美丽家园，从而推动城乡环境综合治理的实现。

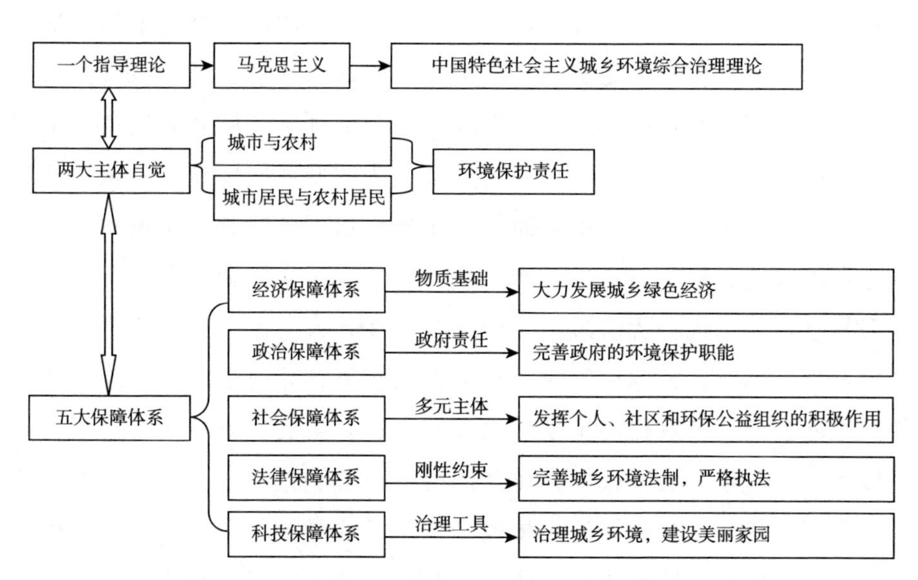

图 7-1　实现城乡环境综合治理的“1+2+5”体系框架

附　录

中国主要的环境保护规范性文件一览

序号	法律层次	法律、法规、标准及要求名称	法规/标准文号	颁布日期	实施日期	备注
1	法律	中华人民共和国环境保护法	第十二届全国人民代表大会常务委员会第八次会议	2014-4-24	2015-1-1	
2		中华人民共和国森林法	第六届全国人民代表大会常务委员会第七次会议	1984-9-20	1985-1-1	
3		中华人民共和国草原法	第六届全国人民代表大会常务委员会第十一次会议	1985-6-18	1985-10-1	
4		中华人民共和国渔业法	第六届全国人民代表大会常务委员会第十四次会议	1986-1-20	1986-7-1	
5		中华人民共和国矿产资源法	第六届全国人民代表大会常务委员会第十五次会议	1986-3-19	1986-10-1	
6		中华人民共和国野生动物保护法	第七届全国人民代表大会常务委员会第四次会议	1988-11-8	1989-3-1	
7		中华人民共和国循环经济促进法	第十一届全国人民代表大会常务委员会第四次会议	2008-8-29	2009-1-1	
8		中华人民共和国水污染防治法	第十届全国人民代表大会常务委员会第三十二次会议	2008-2-28	2008-6-1	
9		中华人民共和国煤炭法	第八届全国人民代表大会常务委员会第二十一次会议	1996-8-29	1996-12-1	

续表

序号	法律层次	法律、法规、标准及要求名称	法规/标准文号	颁布日期	实施日期	备注
10	法律	中华人民共和国环境噪声污染防治法	第八届全国人民代表大会常务委员会第二十二次会议	1996-10-29	1997-3-1	
11		中华人民共和国海洋环境保护法	第九届全国人民代表大会常务委员会第十三次会议	1999-12-25	2000-4-1	
12		中华人民共和国大气污染防治法	第六届全国人民代表大会常务委员会第二十二次会议	1987-9-5	1988-6-1	
13		中华人民共和国防沙治沙法	第九届全国人民代表大会常务委员会第二十三次会议	2001-8-31	2002-1-1	
14		中华人民共和国水土保持法	第七届全国人民代表大会常务委员会第二十次会议	1991-6-29	1991-6-29	
15		中华人民共和国气象法	第九届全国人民代表大会常务委员会第十二次会议	1999-10-31	2000-1-1	
16		中华人民共和国固体废物污染环境防治法	第八届全国人民代表大会常务委员会第十六次会议	1995-10-30	1996-4-1	
17		中华人民共和国清洁生产促进法	第九届全国人民代表大会常务委员会第二十八次会议	2002-6-29	2003-1-1	
18		中华人民共和国水法	第九届全国人民代表大会常务委员会第二十九次会议	2002-8-29	2002-10-1	
19		中华人民共和国放射性污染防治法	第十届全国人民代表大会常务委员会第三次会议	2003-6-28	2003-10-1	
20		中华人民共和国节约能源法	第十届全国人民代表大会常务委员会第三十次会议	2007-10-28	2008-4-1	
21		中华人民共和国环境影响评价法	第九届全国人民代表大会常务委员会第三十次会议	2002-10-28	2003-9-1	

续表

序号	法律层次	法律、法规、标准及要求名称	法规/标准文号	颁布日期	实施日期	备注
22	行政法规	城镇排水与污水处理条例	国务院令 第641号	2013-10-2	2014-1-1	
23		危险化学品安全管理条例	国务院令 第344号	2002-1-26	2002-3-15	
24		易制毒化学品管理条例	国务院令 第445号	2005-8-26	2005-11-1	
25		建设项目环境保护管理条例	国务院令 第253号	1998-11-29	1998-11-29	
26		全国污染源普查条例	国务院令 第508号	2007-10-9	2007-10-9	
27		排污费征收使用管理条例	国务院令 第369号	2003-1-2	2003-7-1	
28		退耕还林条例	国务院令 第367号	2002-12-14	2003-1-20	
29		中华人民共和国森林法实施条例	国务院令 第666号	2016-2-6	2016-2-6	2000年颁布，2016年修改
30		中华人民共和国自然保护区条例	国务院令 第167号	1994-10-9	1994-12-1	
31		中华人民共和国水产资源繁殖保护条例		1979-2-10	1979-2-10	
32		取水许可和水资源费征收管理条例	国务院令 第460号	2006-2-21	2006-4-15	

续表

序号	法律层次	法律、法规、标准及要求名称	法规/标准文号	颁布日期	实施日期	备注
33	部门规章	环境保护主管部门实施限制生产、停产整治办法	环境保护部令第 30 号	2014-12-19	2015-1-1	
34		企业事业单位环境信息公开办法	环境保护部令第 31 号	2014-12-19	2015-1-1	
35		环境保护主管部门实施按日连续处罚办法	环境保护部令第 28 号	2014-12-19	2015-1-1	
36		环境保护主管部门实施查封、扣押办法	环境保护部令第 29 号	2014-12-19	2015-1-1	
37		企业事业单位突发环境事件应急预案备案管理办法（试行）	环发〔2015〕4 号	2015-1-8	2015-1-8	
38		关于执行调整排污费征收标准政策有关具体问题的通知	环办〔2015〕10 号	2015-1-22	2015-1-22	
39		关于推进环境监测服务社会化的指导意见	环发〔2015〕20 号	2015-2-5	2015-2-5	
40		突发环境事件调查处理办法	环境保护部令第 32 号	2014-12-19	2015-3-1	
41		污水处理费征收使用管理办法	财税〔2014〕151 号	2014-12-31	2015-3-1	
42		城镇污水排入排水管网许可管理办法	住房和城乡建设部令第 21 号	2015-1-22	2015-3-1	
43		危险化学品名录（2015 版）	十部门公告 2015 年第 5 号	2015-2-27	2015-5-1	
44		建设项目主要污染物排放总量指标审核及管理暂行办法	环发〔2014〕197 号	2014-12-30	2014-12-30	

续表

序号	法律层次	法律、法规、标准及要求名称	法规/标准文号	颁布日期	实施日期	备注
45	部门规章	清洁生产审核暂行办法	中华人民共和国发展和改革委员会、中华人民共和国环境保护部令第38号	2016-5-16	2016-7-1	
46		废弃危险化学品污染环境防治办法	环境保护总局令第27号	2005-8-30	2005-10-1	
47		危险废物转移联单管理办法	环境保护总局令第5号	1999-6-22	1999-10-1	
48		排污费征收标准管理办法	发改委令第31号	2003-2-28	2003-7-1	
49		节约用电管理办法	国经贸资源〔2000〕1256号	2000-12-19	2000-12-19	
50		环境监测报告制度	环监〔1996〕914号	1996-11-27	1996-11-27	
51		环境标准管理办法	环境保护总局令 第3号	1999-4-1	1999-4-1	
52		环境保护法规解释管理办法	环境保护总局令　第1号	2008-6-6	2008-8-1	
53		国家危险废物名录	环境保护部令第1号	2008-8-1	2008-8-1	
54		关于加强排污申报与核定工作的通知	环办〔2004〕97号	2004-10-19	2004-10-19	
55		关于加强工业危险废物转移管理的通知	环办〔2006〕34号	2006-3-17	2006-3-17	
56		环境行政处罚办法	环境保护部令第8号	2009-12-30	2010-3-1	
57		建设项目环境影响评价文件审批程序规定	环境保护总局令　第29号	2005-11-23	2006-1-1	
58		污染源自动监控管理办法	环境保护总局令　第28号	2005-9-19	2005-11-1	
59		危险废物收集　储存　运输技术规范	HJ 2025—2012	2012-12-24	2013-3-1	

续表

序号	法律层次	法律、法规、标准及要求名称	法规/标准文号	颁布日期	实施日期	备注
60	部门规章	建设项目竣工环境保护验收管理办法	环境保护总局令　第13号	2001-12-27	2002-2-1	
61		工作场所安全使用化学品的规定	劳部发〔1996〕423号	1996-12-20	1997-1-1	

参考文献

一　马克思经典著作

1.《马克思恩格斯全集》（第2卷），人民出版社，1957。

2.《马克思恩格斯全集》（第21卷），人民出版社，2003。

3.《马克思恩格斯全集》（第25卷），人民出版社，2001。

4.《马克思恩格斯全集》（第26卷），人民出版社，2014。

5.《马克思恩格斯全集》（第30卷），人民出版社，1995。

6.《马克思恩格斯全集》（第32卷），人民出版社，1998。

7.《马克思恩格斯全集》（第34卷），人民出版社，2008。

8.《马克思恩格斯全集》（第35卷），人民出版社，2013。

9.《马克思恩格斯全集》（第42卷），人民出版社，2016。

10.《马克思恩格斯选集》（第1~4卷），人民出版社，2012。

11.《马克思恩格斯文集》（第1~5卷），人民出版社，2009。

12. 马克思：《资本论》（第1~3卷），人民出版社，2004。

13. 马克思：《1844年经济学哲学手稿》，人民出版社，2000。

14.《列宁全集》（第5卷），人民出版社，1961。

15.《毛泽东文集》（第6~8卷），人民出版社，1999。

16.《马列著作选读（哲学）》，人民出版社，1988。

二　著作类

1. 陈征、李建平、李建建、郭铁民主编《〈资本论〉与当代中国经济》，社会科学文献出版社，2008。

2. 李建平：《〈资本论〉第一卷辩证法探索》，社会科学文献出版社，2006。

3. 李建平等主编《中国省域环境竞争力发展报告（2009~2010）》，社会科学文献出版社，2011。

4. 李建平等主编《全球环境竞争力报告（2013）》，社会科学文献出版社，2013。

5. 李建平等主编《全球环境竞争力报告（2015）》，社会科学文献出版社，2016。

6. 许耀桐：《中国政治新特征研究》，人民出版社，2015。

7. 陈永森、蔡华杰：《人的解放与自然的解放——生态社会主义研究》，学习出版社，2015。

8. 廖福霖等：《生态文明学》，中国林业出版社，2012。

9.《当代中国农业合作化》编辑室：《建国以来农业合作化史料汇编》，中共党史出版社，1992。

10. 中国社会科学院语言研究所词典编辑室编《现代汉语词典》，商务印书馆，1996。

11. 张玉堂：《利益论——关于利益冲突与协调问题的研究》，武汉大学出版社，2001。

12. 王伟光：《利益论》，中国社会科学出版社，2010。

13. 严法善、刘会齐：《环境利益论》，复旦大学出版社有限公司，2010。

14. 夏征农等主编《辞海》，上海辞书出版社，2011。

15. 马庆斌主编《城乡一体化——中国生产力再一次大解放》，社会科学文献出版社，2011。

16. 张国富等：《城乡一体化新趋势与协调机制构建》，中国农业出版社，2011。

17. 刘新成主编《世界城市与城乡一体化建设研究》，首都师范大学出版社，2012。

18. 李冰：《二元经济结构理论与中国城乡一体化发展研究》，中国经济出版社，2013。

19. 杜健勋：《环境利益分配法理研究》，中国环境出版社，2013。

20. 李军军：《中国低碳经济竞争力研究》，社会科学文献出版社，2015。

21. 中共中央文献研究室、国务院发展研究中心编《新时期农业和农村工作重要文献选编》，中央文献出版社，1992。

22. 中共中央文献研究室编《十三大以来重要文献选编》（上），人民出版社，1991。

23. 全国人民代表大会常务委员会办公厅编《中华人民共和国第八届全国人民代表大会第四次会议文件汇编》，人民出版社，1996。

24. 中共中央文献研究室、国家林业局编《周恩来论林业》，中央文献出版社，1999。

25. 中共中央文献研究室、国家林业局编《毛泽东论林业》（新编本），中央文献出版社，2003。

26. 胡锦涛：《坚定不移沿着中国特色社会主义道路前进　为全面建成小康社会而奋斗——在中国共产党第十八次全国代表大会上的报告》，人民出版社，2012。

27. 中共中央文献研究室编《建国以来重要文献选编》（第10册），中央文献出版社，1994。

28. 《中国共产党第十八届中央委员会第五次全体会议公报》，人民出版社，2015。

三　期刊文章

1. 陈锡文：《环境问题与中国农村发展》，《管理世界》2002年第1期。

2. 王莹、骆文斌：《对我国旅游度假区建设与发展的再思考——以浙江省旅游度假区为例》，《地域研究与开发》2002年第4期。

3. 王韬洋：《有差异的主体与不一样的环境“想象”——“环境正

义”视角中的环境伦理命题分析》,《哲学研究》2003 年第 3 期。

4. 何增科:《马克思、恩格斯关于农业和农民问题的基本观点述要》,《马克思主义与现实》2005 年第 5 期。

5. 谷德近:《区域环境利益平衡——〈环境保护法〉修订面临的迫切问题》,《法商研究》2005 年第 4 期。

6. 陈少红:《解读环境法的“立法悖论”——以经济利益与环境利益的冲突为视角》,《云南大学学报》(法学版) 2006 年第 6 期。

7. 王慧:《试论环境税与环境利益公平分享的实现》,《中共南京市委党校南京市行政学院学报》2007 年第 1 期。

8. 巩固:《公众环境利益:环境保护法的核心范畴与完善重点》,《环境法治与建设和谐社会——2007 年全国环境资源法学研讨会(年会)论文集》2007 年 8 月。

9. 耿莉:《生态利益的形成机理及其功能的研究》,《商情(教育经济研究)》2008 年第 3 期。

10. 严法善、刘会齐:《社会主义市场经济的环境利益》,《复旦学报》(社会科学版) 2008 年第 3 期。

11. 张志辽:《环境利益公平分享的基本理论》,《社会科学家》2010 年第 5 期。

12. 杜健勋、陈德敏:《环境利益分配:环境法学的规范性关怀——环境利益分配与公民社会基础的环境法学辩证》,《时代法学》2010 年第 5 期。

13. 方创琳、方嘉雯:《如何完善城乡环境保护总体规划体系》,《环境保护》2012 年第 6 期。

14. 杜健勋、秦鹏:《环境利益分配的经济诱因规制研究》,《重庆大学学报》(社会科学版) 2012 年第 6 期。

15. 杜建勋:《环境利益:一个规范性的法律解释》,《中国人口·资源与环境》2013 年第 2 期。

16. 刘惠荣、苑银和:《环境利益分配论批判》,《山东社会科学》

2013年第4期。

17. 邓禾、韩卫平：《法学利益谱系中生态利益的识别与定位》，《法学评论》2013年第5期。

18. 黄锡生、任洪涛：《生态利益公平分享的法律制度探析》，《内蒙古社会科学》（汉文版）2013年第4期。

19. 史玉成：《环境利益、环境权利与环境权力的分层建构——基于法益分析方法的思考》，《法商研究》2013年第5期。

20. 张军：《环境利益与经济利益刍议》，《中国人口·资源与环境》2014年第S1期。

21. 王勇：《从“指标下压”到“利益协调”：大气治污的公共环境管理检讨与模式转换》，《政治学研究》2014年第2期。

22. 徐祥民、朱雯：《环境利益的本质特征》，《法学论坛》2014年第6期。

23. 朱凌珂：《环境公共利益的界定及其方法》，《党政干部学刊》2015年第1期。

24. 何佩佩、邹雄：《论生态文明视野下环境利益的法律保障》，《南京师大学报》（社会科学版）2015年第2期。

25. 李宁、王义保：《环保组织在环境冲突治理中的作用机制探析——基于利益、价值与认知视角》，《云南行政学院学报》2015年第3期。

26. 法丽娜：《基于均衡原理探索环境利益可持续发展的立法设计》，《政法论丛》2015年第3期。

27. 李启家：《环境法领域利益冲突的识别与衡平》，《法学评论》2015年第6期。

28. 宋宇文：《论生态文明建设中环境利益的类型与法律保护机制——基于庞德利益理论的视角》，《南京师大学报》（社会科学版）2016年第1期。

29. 〔美〕约翰·贝拉米·福斯特：《社会主义的复兴》，庄俊举译，

《当代世界与社会主义》2006 年第 1 期。

四 网络文献

1. 《2010 年国务院政府工作报告》，2010 年 3 月 15 日，国务院新闻办公室门户网站，http://www.scio.gov.cn/xwfbh/xwbfbh/wqfbh/2015/20150305/xgbd32605/Document/1395827/1395827.htm。

2. 《2008 年国务院政府工作报告》，2009 年 3 月 16 日，中华人民共和国中央人民政府官网，http://www.gov.cn/test/2009-03/16/content_1260198.htm。

3. 《中共中央关于推进农村改革发展若干重大问题的决定》，2008 年 10 月 12 日，人民网，http://cpc.people.com.cn/GB/64093/64094/8194418.html。

4. 《2009 年中国林业发展报告》，2010 年 8 月 25 日，国家林业和草原局、国家公园管理局官网，http://www.forestry.gov.cn/main/62/20100825/437412.html。

5. 《2010 年中国林业发展报告》，2011 年 3 月 1 日，国家林业和草原局、国家公园管理局官网，http://www.forestry.gov.cn/main/62/20110301/464039.html。

6. 《政府工作报告——2010 年 3 月 5 日在第十一届全国人民代表大会第三次会议上》，2010 年 3 月 15 日，中华人民共和国中央人民政府官网，http://www.gov.cn/2010lh/content_1555767.htm。

7. 发展改革委、水利部、卫生部、环境保护部：《全国农村饮水安全工程"十二五"规划》，2012 年 12 月，中国节水灌溉网，http://www.jsgg.com.cn/files/picturedocument/20131029134036798689706603.pdf。

8. 中华人民共和国国土资源部：《2013 中国国土资源公报》，2014 年 5 月，中华人民共和国自然资源部官网，http://www.mnr.gov.cn/zt/hd/dqr/45earthday/zleg/201405/t20140506_2058239.html。

9. 《2013 中国环境统计年报》，2014 年 11 月，中华人民共和国生态环境部官网，http：//www. mee. gov. cn/hjzl/sthjzk/sthjtjnb/201605/U020160604811096703781. pdf。

10.《2014年中国林业发展报告》，2014年11月26日，国家林业和草原局、国家公园管理局官网，http：//www. forestry. gov. cn/main/62/content-750495. html。

11. 中华人民共和国国家统计局：《2014年国民经济和社会发展统计公报》，2015年2月26日，中华人民共和国国家统计局官网，http：//www. stats. gov. cn/tjsj/zxfb/201502/t20150226_685799. html。

12. 中华人民共和国国土资源部：《2014中国国土资源公报》，2015年4月，中华人民共和国自然资源部官网，http：//www. mnr. gov. cn/sj/tjgb/201807/P020180704391904509168. pdf。

13. 中华人民共和国住房和城乡建设部：《2014年城乡建设统计公报》，2015年7月3日，中华人民共和国住房和城乡建设部官网，http：//www. mohurd. gov. cn/wjfb/201507/t20150703_222769. html。

14. 中华人民共和国环境保护部：《2014中国环境状况公报》，2015年6月4日，中华人民共和国生态环境部官网，http：//www. mee. gov. cn/gkml/sthjbgw/qt/201506/W020150605383406308836. pdf。

15.《中华人民共和国固体废物污染环境防治法》，2005年6月1日，中华人民共和国中央人民政府官网，http：//www. gov. cn/flfg/2005-06/21/content_8289. htm。

16.《中华人民共和国环境保护法》（自2015年1月1日起施行），2014年4月25日，中华人民共和国生态环境部官网，http：//www. mee. gov. cn/ywgz/fgbz/fl/201404/t20140425_271040. shtml。

17.《中华人民共和国水污染防治法》，2015年3月1日，中华人民共和国国务院新闻办公室官网，http：//www. scio. gov. cn/xwfbh/xwbfbh/wqfbh/2015/20150331/xgbd32636/Document/1397628/1397628. htm。

18.《中华人民共和国大气污染防治法》，2015年9月6日，中华人民共和国生态环境部官网，http：//www. mee. gov. cn/home/ztbd/rdzl/

gwy/wj/201509/t20150906_309355. htm。

19. 潘岳：《环境保护与社会公平》，2004 年 10 月 28 日，新浪-新闻中心，http：//news. sina. com. cn/c/2004-10-29/10394076434s. shtml。

20. 《国土部环保总局 10 亿元调查 1.5 亿亩受污染耕地》，2006 年 7 月 19 日，中国网，http：//www. china. com. cn/policy/txt/2006 - 07/19/content_7014511. htm。

21. 刘福森：《生态文明建设中的几个基本理论问题》，2013 年 1 月 15 日，光明网，http：//epaper. gmw. cn/gmrb/html/2013 - 01/15/nw. D110000gmrb_20130115_1-11. htm？ div=-1。

22. 聚焦纪实文学《在水一方——中国农村饮水安全工程纪实》，中华人民共和国水利部官网，http：//www. mwr. gov. cn/ztpd/2013ztbd/jjjswx/zpjx/201307/t20130725_477298. html。

23. 李禾：《绿化“蛋糕”不能替代森林质量》，《科技日报》2008 年 9 月 10 日，搜狐网，http：//lvse. sohu. com/20080910/n259492777. shtml。

24. 《环境保护部发布 2014 年 11 月份重点区域和 74 个城市空气质量状况》，2014 年 12 月 18 日，中华人民共和国生态环境部官网，http：//www. mee. gov. cn/gkml/sthjbgw/qt/201412/t20141218_293152. htm 。

25. 袁于飞：《北京用科技成果治疗“城市病”》，2015 年 3 月 10 日，光明网，http：//epaper. gmw. cn/gmrb/html/2015 - 03/10/nw. D110000gmrb_20150310_2-10. htm。

26. 《第 36 次中国互联网络发展状况统计报告》，2015 年 7 月 23 日，中华人民共和国国家互联网信息办公室，http：//www. cac. gov. cn/2015-07/23/c_1116018727. htm。

五 学位论文

（一）博士学位论文

1. 刘会齐：《环境利益论——从政治经济学视角分析》，复旦大学，2009。

2. 万希平：《政治哲学视域下的生态马克思主义研究》，南开大学，2009。

3. 王强：《马克思主义环境利益思想研究》，东北师范大学，2010。

4. 密佳音：《基于环境正义导向的政府回应论——兼论政府回应型环境行政模式的初步架构》，吉林大学，2010。

5. 葛俊杰：《利益均衡视角下的环境保护公众参与机制研究——以社区环境圆桌会议为例》，南京大学，2011。

6. 苑银和：《环境正义论批判》，中国海洋大学，2013。

7. 袁红辉：《环境利益的政治经济学分析》，云南大学，2014。

8. 朱雯：《论环境利益》，中国海洋大学，2014。

（二）硕士学位论文

1. 王春磊：《论环境利益的法律保护》，中国政法大学，2005。

2. 徐飞波：《论环境法的利益衡平》，重庆大学，2010。

3. 孙砚：《边疆少数民族地区草原生态环境利益补偿机制研究——以呼伦贝尔草原为例》，内蒙古大学，2010。

4. 王杨：《论农民环境利益的法律保护》，西南政法大学，2011。

5. 陈逸鉴：《财政分权与环境利益关系研究》，复旦大学，2013。

六　外文文献

1. 〔德〕费尔巴哈：《费尔巴哈哲学著作选》（下卷），三联书店，1962 。

2. 〔德〕路德维希·费尔巴哈：《费尔巴哈哲学著作选集》（上卷），荣震华、李金山等译，商务印书馆，1984。

3. 〔美〕查尔斯·A. 比尔德：《美国宪法的经济观》，何希齐译，商务印书馆，1984。

4. 〔美〕塞缪尔·亨廷顿：《难以抉择——发展中国家的政治参

与》，汪晓涛等译，华夏出版社，1989。

5. 世界环境与发展委员会：《我们共同的未来》，王之佳、柯金良等译，吉林人民出版社，1997。

6. 〔美〕戴维·波普诺：《社会学》，李强等译，中国人民大学出版社，1997。

7. 〔美〕蕾切尔·卡逊：《寂静的春天》，邓延陆编选，湖南教育出版社，2009。

8. 〔美〕罗伯特·达尔：《论民主》，李柏光、林猛译，商务印书馆，1999。

9. 〔美〕彼得·休伯：《硬绿——从环境主义者手中拯救环境：环保主义宣言》，戴星翼、徐立青译，上海译文出版社，2002。

10. 〔美〕詹姆斯·奥康纳：《自然的理由——生态学马克思主义研究》，唐正东等译，南京大学出版社，2003。

11. 〔英〕戴维·佩珀：《生态社会主义：从深生态学到社会正义》，刘颖译，山东大学出版社，2005。

12. 〔意大利〕伊塔洛·卡尔维诺：《看不见的城市》，张宓译，译林出版社，2006。

13. 〔英〕齐格蒙特·鲍曼：《废弃的生命——现代性及其弃儿》，谷蕾、胡欣译，江苏人民出版社，2006。

14. 〔美〕彼得·S. 温茨：《环境正义论》，朱丹琼、宋玉波译，上海人民出版社，2007。

15. 〔英〕马克·史密斯、皮亚·庞萨帕：《环境与公民权：整合正义、责任与公民参与》，侯艳芳、杨晓燕译，山东大学出版社，2012。

16. 〔美〕德内拉·梅多斯、乔根·兰德斯、丹尼斯·梅多斯：《增长的极限》，李涛、王智勇译，机械工业出版社，2013。

17. 〔美〕詹姆斯·M. 布坎南、戈登·图洛克：《同意的计算——立宪民主的逻辑基础》，陈光金译，上海人民出版社，2014。

18. 〔美〕汉密尔顿、杰伊、麦迪逊：《联邦党人文集》，程逢如等译，商务印书馆，2017。

19. J. B. Foster, *Ecology Against Capitalism* (New York: Monthly Review Press, 2002).

20. Erin Sherry, Heather Myers, "Traditional Environmental Knowledge in Practice," *Society & Natural Resources* 15 (2002): 345-358.

图书在版编目(CIP)数据

中国城乡环境综合治理研究 / 宋惠芳著. -- 北京 : 社会科学文献出版社，2021.6
ISBN 978-7-5201-8580-6

Ⅰ.①中… Ⅱ.①宋… Ⅲ.①城市环境-环境综合整治-研究-中国 Ⅳ.①X321.2

中国版本图书馆 CIP 数据核字（2021）第 120967 号

中国城乡环境综合治理研究

著　　者 / 宋惠芳

出 版 人 / 王利民
组稿编辑 / 曹义恒
责任编辑 / 吕霞云
文稿编辑 / 陈美玲

出　　版 / 社会科学文献出版社
地址：北京市北三环中路甲 29 号院华龙大厦　邮编：100029
网址：www.ssap.com.cn
发　　行 / 市场营销中心（010）59367081　59367083
印　　装 / 三河市龙林印务有限公司

规　　格 / 开　本：787mm × 1092mm　1/16
印　张：14.75　字　数：212 千字
版　　次 / 2021 年 6 月第 1 版　2021 年 6 月第 1 次印刷
书　　号 / ISBN 978-7-5201-8580-6
定　　价 / 98.00 元